끈요한 과학짜들의
우주 언박깅

빅뱅부터
암흑물질까지
우주에 관한
세상 모든 과학

집요한 과학자들의
우주 언박싱

이지유
지음

곰곰

머리말

아인슈타인에서 WMAP까지, 흥미로운 우주론 이야기

인간에게는 우주에 대한 원초적인 호기심이 있다. 그 호기심을 바탕으로 우주를 알아내고자 집요하게 노력해 온 과학자들은 지금까지 중요한 사실들을 찾아냈다. 하지만 인간이 138억 년 우주의 역사를 파고든 지는 겨우 100여 년. 우리는 드넓은 우주의 매우 일부분만을 이해할 뿐, 많은 과학자가 여전히 수수께끼로 남아 있는 질문들과 정설로 자리 잡은 우주론에 치열하게 도전하고 있다. 앞으로 밝혀질 우주의 역사는 어떤 새로운 사실을 우리에게 선물할까? 여기에는 그간 과학자들이 발전시켜 온 우주론을 아는 일이 도움이 될 것이다.

우주론에 포함된 지식은 매우 어렵지만, 이 역시 지구인이 생산한 것이다. 아인슈타인 이후 과학자들이 어떤 아이디어와 검증 과정을 거쳐 우주론을 완성했는지 차근차근 풀어 가면 보다 쉽게 우주론을 이해할 수 있다.

그래서 아인슈타인 이후 우주론과 관련 있는 과학자를 4세대로 나누고, 그들이 협력과 경쟁을 통해 완성한 지식을 따라가 보았다. 그러다 보니 내가 처음 우주론을 배우면서 느꼈던 혼돈이 깔끔하게 사라지는 놀라운 경험을 했다. 그렇다면 이 책을 읽는 청소년들도 훨씬 가벼운 마음으로 우주론을 접할 수 있지 않을까!

교과서에서는 우주를 둘러싼 지식이 어떤 과정을 통해 생산되었는지 친절하게 알려주지 않는다. 최신 지식이 주류가 되기 전, 경쟁 구도에 있던 다른 지식은 어떤 경로로 폐기되었는지도 알려주지 않는다. 나는 과학사에 드러난 이와 같은 지식 생산 과정을 알면 현재 교과서에 나오는 지식을 이해하는 데 큰 도움이 된다고 여긴다.

감사하게도 많은 독자의 사랑을 받아 개정판을 출간하게 되었다. 이 책에 등장하는 66인의 과학자들이 엎치락뒤치락하는 과정과 각자의 방식으로 시대를 관통하는 모습을 보며, 청소년들이 우주의 역사를 가깝게 느낄 수 있기를 바란다.

2024년 2월

이지유

차례

우주
만들기
게임

나만의 개성 있는 우주를 창조해 보세요. 우주 창조 후 진화를 거쳐 생물이 나타나면 당신은 이 게임의 고수! 당신만의 우주에서 지적인 생명체들은 평화롭게 살까요, 전쟁을 일으킬까요? 이것은 모두 당신의 선택에 달렸습니다. 자, 그럼 출발~!

적당량의 에너지를 한 점에 밀어 넣으세요. 우주 창조 머신을 이용하면 아주 쉽습니다. 이 아이템을 사시겠습니까?

우주 씨앗을 팽창시킬까요? 보통 팽창과 인플레이션 팽창이 있습니다. 보통 팽창은 무료, 우주 씨앗을 급격하게 팽창시켜 주는 인플레이션 팽창 아이템은 유료입니다.

보통 팽창을 선택했든 인플레이션 팽창을 선택했든 팽창 버튼을 누른 뒤 0.000000000000000000000000000000000000000000001초 동안 무슨 일이 일어나는지 아무도 알 수 없습니다. 그래도 우주를 팽창시키겠습니까?

0.0004초 안에 버튼을 눌러 소립자를 구성하는 입자의 한 종류인 쿼크가 더 생기는 것을 막아야 합니다. 당신의 순발력은 얼마나 좋은가요? 자신이 없다면 쿼크 만들기 아이템을 살 수 있습니다.

게임 유저들이 마의 단계라고 평가하는 5단계, 여러분 모두 힘내세요!

쿼크가 만들어졌다면 양성자와 중성자를 만들 수 있습니다. 아니, 아무리 애를 써도 양성자와 중성자가 생기지 않는다고요? 또는 만들어졌다가 모두 사라져 버렸다고요? 그렇다면 당신은 처음에 적당량의 에너지를 한 점에 넣는 데 실패한 것입니다.

우주의 밀도를 100조분의 1단위까지 정밀하게 잘 맞추셨나요?

아니라고요? 그럼 처음으로 돌아가 다시 시작하시겠습니까? 추가 요금은 없습니다.

물질이 제대로 만들어질 때까지 계속 반복해 주세요. 만약 반복되는 이 과정이 지긋지긋하다면 인플레이션 팽창 아이템을 꼭 사세요. 그러면 초광속 인플레이션 팽창이 골치 아픈 문제들을 다 해결해 줍니다. 아울러, 이 아이템은 인플레이션이 끝나는 순간인 0.00000000000000000000000000000001초에 버튼을 누를 필요가 없습니다. 자동으로 보통 팽창 모드가 됩니다.

6단계

자동 원자핵 생성 기능을 선택하시겠습니까? 수소 원자핵과 헬륨 원자핵이 생깁니다.
6단계까지 3분 안에 끝내야 한다는 것을 잊지 마세요!

7단계

우주가 생성된 지 38만 년 무렵 잊지 말고 원자핵과 전자를 짝지어 주세요. 그래야 광자들이 자유를 찾습니다. 이 시기를 놓치면 별과 은하를 만들 수 없습니다. 참, 그 전에 갓난쟁이 우주의 이곳저곳을 조금씩 휘저어 주는 것도 잊지 마세요. 안 그러면 은하와 별이 생기지 않습니다.

8단계

질량이 큰 별을 만들어야 그 속에서 금속과 다양한 원소가 생깁니다. 별의 질량을 하나하나 지정하시겠습니까, 자동 설정 아이템을 선택하시겠습니까?
별이 잘 안 만들어진다고요? 암흑물질이 제대로 설정되어 있는지 확인해 주세요.

9단계

1세대 별이 죽으면서 중금속이 우주에 뿌려졌습니다. 2세대 별을 만드시겠습니까?

10단계

65억 년 무렵 우주 팽창 속도가 늘어나 더욱 빨리 팽창하는지 확인해 주세요. 만약 팽창 속도가 그대로라면 암흑에너지 설정에 문제는 없는지 확인해 주세요. 암흑물질과 암흑에너지는 전혀 다른 것이니까 헷갈리지 마세요.

11단계

생명체가 생길 별과 행성을 지정해 주세요. 생명체가 생기는 행성들이 나타났습니다. 생명체를 진화시킬까요? 멸종은 몇 번 시킬까요?

12단계

지적인 생명체들이 나타났습니다. 이들을 만나 보시겠습니까? 신이 되는 기쁨을 누려 보세요.

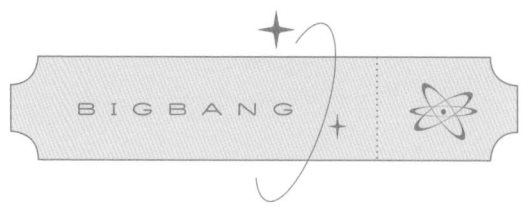

BIGBANG

어떤 단계에서든 다음 단계로 넘어가지 못했다면 처음부터 다시 시작할 수 있습니다. 모든 단계를 자연스럽게 지나가도록 도와주는 통합 아이템인 '빅뱅'을 사세요. 그러면 아무것도 신경 쓰지 않고 우주를 창조하는 기쁨을 맛볼 수 있습니다. 1개를 사면, 공짜로 하나 더! 특별 세일 기간을 놓치지 마세요!

1G

뭐, 우주가
변한다고?

1915년 아인슈타인은 일반상대성이론을 완성했다. 이것은 뉴턴의 물리와 전혀 다른 새로운 관점으로, 중력을 다루는 물리법칙이었다. 유럽에서는 이 새로운 물리법칙을 우주론에 적용하려는 과학자들이 나타났다. 네덜란드의 천문학자 드 지터와 러시아 수학자 프리드만은 아인슈타인의 일반상대성이론 방정식을 요리해 우아한 우주를 표현하려고 애썼다. 그러나 이들이 상상하는 우주는 제각기 달랐다.

한편 대서양을 건너 미국에서는 천문학자 슬라이퍼와 허블이 제각각 외부은하✦들이 우리를 피해 슬금슬금 달아나고 있다는 놀라운 관측 기록을 계속 발표하고 있었다.

유럽과 영국에서 따로따로 벌어지고 있던 천문학계의 이슈들을 하나둘 모아 한 줄로 꿴 사람은 벨기에 출신 신부 르메트르다. 자, 이제 과학자 신부님을 따라가며 20세기 초 지구인들의 우주에 관한 인식은 어떻게 변해 갔는지 알아보자.

✦ 은하계 밖에 있는 천체의 무리. 대부분 나선형이다.

1

아인슈타인,
우주에
족쇄를 채우다

아인슈타인은 몹시 당황했다. 자신이 완성한 일반상대성이
론 방정식을 행성이나 혜성 같은 천체에 적용하다 놀라운 사실
을 알아냈기 때문이다. 방정식에 따르면, 우주는 시간에 따라 부
풀 수도 있고 쪼그라들 수도 있었다. 시간에 따라 변하는 우주라
니, 그런 우주는 있을 수 없었다. 모든 지구인은 우주가 변하지
않는다고 생각했다.

인간이 우주를 바라본 이래 우주는 크게 변하지 않았다. 태
양이 사라지지도 않았고, 달이 갑자기 나타난 것도 아니다. 별자
리가 계절에 따라 바뀌긴 했어도 주기적이고 어김없는 변화였

다. 가끔 혜성처럼 없던 별이 나타났지만 그 배경을 이루는 우주는 단 한 번도 이변을 일으키지 않았다. 만유인력을 발견한 영국의 과학자 뉴턴은 이 점을 이상하게 생각했다. 우주에 별이 이렇게 많은데 왜 서로 끌어당겨 부딪치지 않을까? 뉴턴은 우주의 별들이 바둑판에 놓인 것처럼 일정한 간격을 두고 우주에 무한히 퍼져 있다고 보았다. 이 때문에 인력이 상쇄되어 우주가 쪼그라들지 않고 균형을 유지한다고 생각했다.

그러나 이 생각은 그리 훌륭하지 않았다. 만약 거인이 어느별을 살짝 건드린다면 틀림없이 균형은 깨지고 별들은 서로를 향해 마구 달려들어 끝내 모두 박치기를 하는 상황이 올 것이기 때문이다. 참 우습지만 20세기 초반까지도 우주가 이렇게 아슬아슬한 평형 상태에 있다고 믿었다. 20세기 천재 아인슈타인도 19세기 교육을 받았기 때문에 우주가 그렇다고 믿었다. 그러나 그의 방정식은 이렇게 말하고 있었다.

"너희 믿음과 상관없이 우주는 변하고 있다!"

아무도 그 소리를 듣지 못하는 것이 문제였다. 방정식을 만든 주인공인 아인슈타인까지 말이다.

방정식이 뭐라고 말하든 아인슈타인도 한 가지 문제에 빠져 있었다. '별들 사이에는 만유인력이 작용하니까 서로 끌어당기고 있을 것이다. 그렇다면 이 우주의 모든 별이 결국 다 모여야 하지 않을까? 그러다 우주는 스스로 쪼그라들어 붕괴하는 불행한 결과를 맞이할 것이다.' 하지만 그의 눈에 우주는 전혀 변하지 않는, 균형을 잘 잡은 완벽한 공간으로 보였다. 그리고 일반상대성이론 방정식을 그대로 두면 이런 완벽한 우주를 표현할 수 없었다.

당시 아인슈타인이 알고 있던 우주 공간에 대한 상식은 지금으로 치면 수준 이하였다. 그는 우주가 138억 광년이나 되는 광활한 공간이라는 것을 몰랐고, 우주에 우리은하✦ 외에 다른 은하가 있다는 것을 몰랐으며, 은하와 은하 사이는 엄청나게 큰 빈 공간이라는 것도 몰랐다. 당시 지구인들이 인식한 우주는 10만 광년 크기의 우리은하뿐이었다. 아인슈타인은 그렇게 아득한 크기의 우주가 쪼그라든다는 것이 사실이라면 벌써 우주가 비극으로 끝났어야 한다고 생각했다. 그러나 우리는 지금 이 순간 이렇게 멀쩡하게 살아 있다.

아인슈타인은 고심 끝에 방정식을 손보기로 마음먹고 자신의 방정식에 우주상수(^)라고 불리는 항을 추가했다. 우주상수는 중력의 반대 방향으로 밀어내는 반중력으로 작용했고, 이 상수를 잘 결정하면 이 우주가 중력 때문에 쪼그라드는 비극적인

✦ 인류가 살고 있는 태양계를 포함하고 있는 은하계.

결말을 피할 수 있었다. 우주상수라는 족쇄를 단 일반상대성이론 방정식은 우주를 부풀지도 쪼그라들지도 못하게 했다. 드디어 아인슈타인의 마음에 드는 완벽한 우주를 표현하는 방정식이 완성되었다. 그는 이렇게 해서라도 절대 변하지 않는 공 모양의, 안락하고 완전하며 폐쇄되어 있는 우주를 표현해야만 속이 편했던 것이다.

21세기를 사는 사람들은 무척 궁금할 것이다. 우주가 한 점의 폭발로 시작해서 오늘날에 이르기까지 부풀어 왔으며 이 이후로도 우주는 끊임없이 변할 것이라는 사실은, 고등학교 교육을 받은 사람이라면 누구나 안다. 우주가 변하는 것이 뭐 그렇게 큰일이라고, 세기의 천재라고 불린 아인슈타인이 우주를 정적인 것으로 만들기 위해 위대한 방정식에 꼼수를 부렸단 말인가.

20세기 초 아인슈타인이 정통으로 교육받은 우주관과 일반상대성이론 방정식의 예언 사이에서 겪은 고민을 이해하려면 인간의 우주관이 얼마나 보수적인지를 알아 둘 필요가 있다. 코페르니쿠스는 지구가 움직인다는 사실을 알아내 그 내용을 책으로 엮었음에도 출판을 미루었다. 모든 사람이 지구가 우주의 중심이라고 믿던 시절에 그것은 사실이 아니라고 말하는 데는 목숨을 거는 용기가 필요했기 때문이다. 그는 지동설을 발표한 뒤 닥쳐올 논란과 심판이 너무나 두려워서 죽기 일보 직전에, 그것도 제자의 설득으로 책을 출판했다. 코페르니쿠스의 뒤를 이어 지동설을 주장한 브루노가 발가벗겨진 채 화형당했다는 사실을 떠올리면 그의 두려움이 그저 막연한 것은 아니었음을 알 수 있다.

코페르니쿠스는 《천체의 회전에 관하여(De Revolutionibus Orbium Coelestium)》에서 지구는 우주의 중심이 아니고, 우주의 중심은 태양 부근에 있으며, 태양에서 지구까지의 거리에 비해 별들까지의 거리는 아주 멀고, 별들의 일주운동이 보이는 것은 지구가 자전축을 중심으로 자전하기 때문이라고 주장했다. 또 태양의 연주운동은 지구가 태양 주위를 돌고 있기 때문에 생긴다고 했다. 행성이 가던 방향과 반대 방향으로 가는 것도 행성이 실제로 뒤로 가는 것이 아니라 지구에서 바라보기 때문에 그렇게 보일 뿐이라고 주장했다. 21세기 과학 교과서에 쓰여 있는 것과 일치하는 이 주장은 1543년 봄에 출판된 《천체의 회전에 관하여》에 담겨 있지만, 사실 29년 전인 1514년 코페르니쿠스가 41세에 쓴 짧은 논문에 벌써 수록되어 있었다.

지금 보면 아주 당연한 주장이지만 당시에 지동설은 터무니없는 주장이었다. 우리는 지금도 지구가 자전하는 것을 느낄 수 없고 지구가 태양 둘레를 1초에 30km씩 돈다는 것도 느낄 수 없다. 만약 우리가 지동설에 대해 배우지 않았다면 아직도 지구가 움직인다는 사실을 받아들일 수 없으리라! 그러니 당시 사람들이 지구가 움직인다는 사실을 받아들이는 것은 불가능했다. 게다가 1500년 가까이 옳다고 믿은 프톨레마이오스의 주전원설은 당시 대단히 그럴듯했다. 주전원설에 사용된 90여 개의 원은 관측 사실과 맞추어 가며 오랫동안 정교하게 다듬어졌기 때문에 천체의 운행을 거의 정확하게 맞힐 수 있었다.

반면 지동설은 거칠었다. 지동설은 태양을 중심에 둔 동심원 몇 개만 있으면 천체의 운행을 거의 정확하게 알 수 있을 만큼 간단한 이론이었지만, 코페르니쿠스 이후에 나온 티코 브라헤·요하네스 케플러·갈릴레오 갈릴레이·아이작 뉴턴에 이르는 서양 과학의 주요 인물들이 다듬고 증명한 뒤에야 비로소 프톨레마이오스의 주전원설을 밀어내고 새로운 패러다임이 되었다. 코페르니쿠스가 지동설을 주장한 뒤 200년이 넘어서야 겨우 사람들은 지구가 움직인다는 사실을 믿기 시작한 것이다. 이것은 새로운 과학적 패러다임이 옛것을 밀어내고 사람들의 믿음을 얻기가 얼마나 힘든지 잘 보여 준다.

늘 평온해 보이는 우주가 사실은 부풀 수도 줄어들 수도 있다는 사실을 받아들이는 것은, 지구가 우주의 중심이 아니며 태양을 돌고 있는 행성 가운데 하나라는 사실을 받아들이는 것만큼 어려운 일이었다. 당시 과학계의 신이었던 아인슈타인까지 우주가 변하지 않는다는 생각에 집착했다. 과학계는 그만큼 보수적이다. 아인슈타인은 우주가 부풀거나 줄어든다고 말해도 브루노처럼 화형을 당하지는 않겠지만, 큰 논란에 휩싸일 것이 뻔했다. 논란의 주인공이 되고 싶지 않아서 생각해 낸 것이 우주상수다.

그러나 우주가 팽창하고 있다는 것은 사실이라 사람들은 다양한 경로로 그 사실을 인식하기 시작했다. 일반상대성이론이 '시작'이었다. 이 이론은 뉴턴의 역학으로는 풀 수 없는 문제들

을 해결해 주는 새로운 이론이었기 때문에 다양한 형태로 요리
되어 수많은 과학자의 입에 오르내렸다. 그 방정식을 가장 먼저
우주론이라는 메뉴로 요리한 사람은 드 지터와 프리드만이다.

2

프리드만,
별들을
내던지다

아인슈타인이 자신의 방정식을 보며 몹시 당황하고 있던 1917년, 네덜란드의 천문학자이자 아인슈타인의 친구였던 드 지터도 일반상대성이론을 이용해 멋진 우주 모형을 만들고 있었다. 아인슈타인보다 몇 달 늦게 왕립학회의 월보에 실린 드 지터의 우주 모형은 당시 통념에 맞게 절대 변하지 않고 언제까지나 그대로인, 정적인 것이었다. 그러나 그의 우주 모형에는 물질이 전혀 없다는 가정이 붙어 있었다. 아무것도 없는 우주, 어떤 형태의 에너지도 없는 우주, 별이 없는 우주, 이것은 큰 문제였다. 별이 없다면 중력장이 만들어질 수 없는데, 별 주변의 공간이 그 중력 때문에 휘어져 있지 않다면 행성은 어떤 경로로 이동한단 말인가? 아인슈타인은 드 지터의 우주 모형을 받아들일 수 없었다.

아인슈타인의 상대성이론에 따르면 행성은 태양의 중력 때문에 태양 주변을 돈다. 태양의 중력 때문에 태양 주변에 공간의 골짜기가 생겼고, 그 골을 따라 행성이 움직인다는 것이다. 알 듯 말 듯한 이 상황을 설명하기 위해 늘 등장하는 것이 동네 구석진 곳에 설치된 그물 놀이 기구 '트램펄린'이다. 무거운 아이가 올라서면 많이 늘어나고 가벼운 아이가 올라서면 조금 늘어나는 그물이 중력 때문에 휜 공간을 나타낸다. 이렇게 휜 그물 위를 농구공이나 사과 같은 것이 굴러가는 장면은 중력 때문에 휜 공간을 설명하는 다큐멘터리에 단골로 등장하는 장면이다.

그러나 이렇게 보여 줘도 이해하기 어려운 것은 마찬가지다. 휘어진 것은 3차원 공간이지 그물 같은 2차원 평면이 아니기 때문이다. 과학자들은 우리가 3차원에 살고 있기 때문에 평면인 2차원에서 생긴 일을 3차원 공간의 일로 상상할 수 있다고 주장하지만 천만의 말씀. 모든 사람이 그런 상상을 할 수 있다면 우리는 모두 아인슈타인이다. 아무튼 아인슈타인은 드 지터의 우주 모형에 별이 없다는 사실이 몹시 못마땅했다. 두 사람은 그 뒤로 몇 년 동안 이 문제에 대해 신랄하게 토론했다.

　드 지터 자신도 깨닫지 못했지만 이 모형이 팽창하는 우주를 설명하고 있었다는 것을 훗날 다른 과학자가 밝힌다. 물론 아인슈타인도 드 지터의 우주 모형이 실은 팽창하는 우주를 설명하고 있다는 것을 몰랐다. 만약 그 사실을 알았다면, 드 지터는 커다란 논란의 중심에 서서 우주는 변하지 않는다고 공격하는 사람들과 맞서 치열한 전투를 벌여야 했을 것이다. 그러나 그런 일은 벌어지지 않았다.

　이런 상황에서 용감하게 팽창하는 우주 모형을 들고 나타난 이가 러시아 수학자 알렉산드르 프리드만이다. 프리드만의 이야기를 하자면 전쟁에 대해 말하지 않을 수 없다. 아인슈타인과 드 지터가 우주에 대해 이러쿵저러쿵 싸우고 있을 때, 사실 유럽의 대다수 사람들은 우주의 운명에 대해 논할 상황이 아니었다. 1914년 세르비아를 방문하고 있던 오스트리아 황태자 페르디난트가 한 청년에게 죽임을 당하자 안 그래도 팽팽한 긴장감이 돌고 있던 유럽에 전쟁이 일어났다. 오스트리아가 세르비아에 선전포고를 하자 세르비아는 친하게 지내던 러시아와 손을 잡았다. 오스트리아와 동맹 관계에 있던 독일은 러시아, 프랑스, 영국을 적으로 만들었다. 독일은 속전속결로 유럽을 차지할 생각이었지만 마음대로 되지 않았다. 전쟁이 길어지자 원래 독일과 동맹 관계였던 이탈리아가 영국을 수장으로 하는 연합국에 붙었고, 일본과 루마니아와 그리스까지 연합국 편에 섰다.

전쟁이 길어지면서 군수품을 배에 실어 나를 바닷길이 중요해졌다. 독일은 영화에도 나오는 U보트로 대서양을 누비며 보급로를 지키려고 했지만, 그 과정에서 민간인의 배를 마구 공격해 여론이 매우 나빠졌다. 결국 유럽에서 벌어지는 전쟁을 지켜보며 군수품 장사만 하던 미국이 이 전쟁에 끼어들면서 말 그대로 세계 전쟁이 되었다. 이것이 제1차 세계대전이다.

1917년 미국이 세계대전에 끼어들 무렵 러시아에서도 난리가 났다. 러시아 황제가 국민들에게 전쟁 참가를 부추기고 이 전쟁이 끝나면 더 나은 미래가 온다고 약속했지만, 끝나지 않는 전쟁으로 굶주린 국민들의 참을성은 한계에 다다랐다. 결국 시위가 일어나 공산주의 혁명으로 이어졌고, 기득권을 놓지 않으려는 세력과 새로 일어난 세력 사이에 전쟁이 벌어졌다. 이것이 러시아혁명과 러시아 내전이다. 이때 러시아의 상황은 1945년 조지 오웰이 발표한 소설 《동물 농장》에 잘 나타나 있는데, 소설 속 동물들의 반란과 외양간에서 벌어지는 전투가 각각 러시아혁명과 러시아 내전을 상징한다. 예술가들의 창작 의지는 상황이 어려울수록 더 커지는가 보다. 역사의 본질을 꿰뚫어 보고 소설로 만든 이 작품은 러시아 내전뿐 아니라 어떤 분쟁에 끼워 맞추어도 잘 들어맞는다.

젊은 수학자 프리드만은 유럽에서 벌어지는 이런 전쟁 세례를 온몸으로 받았다. 그는 제1차 세계대전에 참가했을 때 독일과 경계가 맞닿아 있는 서부전선에 배치되어 정확하게 폭탄을 떨어뜨리는 방법을 개발할 수밖에 없었는데, 아마도 그것은 수학자가 전쟁에 참가했을 때 가장 잘할 수 있는 일이었을 것이다. 러시아 공산당 볼셰비키가 세계대전에 더는 참가하지 않겠다고 선언하자, 프리드만은 서부전선에서 빠져나올 수 있었다. 그러나 그것은 러시아 내전 속으로 들어갔다는 말과도 같다.

러시아는 서구에서 고립되어 있었다. 그 탓에 프리드만은 아인슈타인의 일반상대성이론이 물리학계에서 아주 뜨거운 쟁점이라는 것도 몰랐고, 아인슈타인과 드 지터가 별로 가득 찬 우주와 아무것도 없는 우주를 두고 갑론을박한다는 사실도 몰랐다. 그러나 모든 일에는 밝은 면과 어두운 면이 함께 있는 법이다. 이렇게 당시 과학계의 최신 흐름에서 멀리 떨어진 환경 덕분에 프리드만은 독창적인 우주 모형을 만들 수 있었다. 그는 아인슈타인이나 드 지터처럼 변하지 않는 안전한 우주에 집착하지 않았다.

일반상대성이론을 뒤늦게 알게 된 프리드만은 아인슈타인이 우주상수를 왜 억지로 넣었는지 이해할 수 없었다. 그는 우주상수를 과감하게 0으로 놓았다. 우주를 변하지 못하게 묶어 놓았던 우주상수가 사라지자, 우주는 어떤 형태로든 변할 수 있었다. 그러자 우주에서 시간이라는 개념이 중요해졌다. 변하지 않는 우주에서는 시간의 흐름이 그다지 중요하지 않다. 예전에도, 앞으로도 늘 같은 모습이라면 우주에서 역사를 따질 필요가 없지 않은가? 그러나 우주를 변화하는 대상으로 보는 순간 시간은 중요한 변수가 된다. 그리고 자연스럽게 이런 질문이 생겼다. 과거에 우주는 어떤 모습이었고 앞으로 우주는 어떤 모습일까?

이쯤에서 사람들은 생각할 것이다.

'위대한 천재 아인슈타인이 우주상수를 그냥 끼워 넣은 게 아니다. 만약 그 상수가 없다면 수많은 별이 서로 끌어당겨 결국 우주가 한 점에 모일 텐데, 이 파국을 어떻게 해결한단 말이지?'

과연 프리드만은 이 상황을 어떻게 풀어 나갔을까? 놀랍게도 프리드만은 현재가 아니라 과거에 관심을 두었다. 지금 우주가 변하지 않는 듯 보이는 것은 먼 과거에 우주가 팽창하는 과정을 겪었기 때문이라는 것이다. 그는 뭔지는 몰라도 무엇인가가 우주의 별들을 온 사방으로 내던졌다고 생각했다. 이것을 좀 더 고급스러운 말로 설명한다면, 먼 과거에 별들이 서로 모이려고 하는 중력을 이기고도 남을 만큼 강력한 팽창이 있었다고 할 수 있다. 이 팽창의 기운, 즉 팽창 운동량이 아직도 우주 전체에 남아 있기 때문에 만유인력으로 우주가 쪼그라드는 것에 대항하고 있다고 본 것이다. 지금은 먼 옛날부터 있던 팽창하려는 운동량과 별들 사이의 만유인력이 적당히 균형을 이루고 있어서 우주가 변하지 않는 것처럼 보인다고 생각했다.

아인슈타인이 우주상수를 반중력으로 선택한 대신 프리드만은 먼 과거에 있었던 '별들의 내던져짐'을 생각해 냈다.

누가 왜 그랬는지 모르겠지만 별들이 사방팔방으로 힘껏 던져졌다고 가정한다면, 우주의 미래는 다음 세 가지 중 하나일 거라고 프리드만은 생각했다. 우주에 별이 아주 많다면, 중력이 클 테니 팽창 속도가 점점 줄어 결국 팽창이 멈추고 우주는 다시 쪼그라들어 붕괴될 때까지 한 점으로 모일 것이다. 이와 반대로 별의 수가 적다면, 팽창하려고 하는 우주에 대항할 중력이 부족해서 팽창은 영원히 지속되고 별과 별 사이는 너무 멀어져서 아무것도 없는 텅 빈 우주가 될 것이다. 만약 별의 수가 아주 극적으로 딱 맞아떨어진다면, 우주의 팽창 속도가 차츰 줄다가 어느 순간 균형을 잡아 영원히 그대로 유지될 수 있다. 세 번째 경우가 누구나 원하는 조용하고 아름다운 우주를 표현한다고 할 수 있다.

프리드만은 우주에 있는 별들을 무엇이 내던졌는지는 설명할 수 없었다. 그러나 중요한 것은 프리드만이 우주가 가만히 있지 않고 시간에 따라 변한다고 보았다는 점이다. 19세기 교육을 받은 지구인들 중에는 우주에 이렇게 다양한 가능성이 있다는 사실을 생각한 사람이 거의 없었다. 아무도 평온한 우주를 의심하지 않았다. 시간에 따라 역동적으로 변하는 프리드만의 우주 모형은 1922년 물리학 잡지에 실렸다. 이것은 그야말로 획기적인 생각이었다.

이것이 영화의 한 장면이라면, 프리드만은 논문이 발표되자마자 과학계의 스타가 되어 신문의 1면을 장식하고 몰려드는 인터뷰 제의에 정신없이 바빠야 한다. 그러나 그런 일은 벌어지지 않았다. 신기하리만치 아무도 반응하지 않았다. 오랜 전쟁 탓에 사람들은 프리드만의 역동적인 우주 모형에 관심을 가질 여유가 없었다. 또 프리드만은 천문학자가 아닌 수학자인 데다 자신의 이론을 증명할 관측 자료를 하나도 제시하지 않았다. 무엇보다 당시 우주론은 인기 있는 연구 분야가 아니었다. 그렇지만 그것보다 더 큰 이유는 아인슈타인에게 있었다.

아인슈타인은 프리드만의 논문을 보자마자 그의 계산이 틀렸다고 생각했다. 무엇보다 자신이 고심 끝에 집어넣은 우주상수를 무력화한 것에 화가 났다. 그는 프리드만의 계산이 틀렸다는 내용으로 편지를 써서 물리학 잡지에 보냈고, 그 편지 한 장 때문에 프리드만은 계산 못하는 수학자로 낙인찍혔다. 20세기 초 아인슈타인은 과학계의 신과 같았기 때문에, 아인슈타인이 인정하지 않았다는 것은 세계가 인정하지 않았다는 것과도 같았다. 그러나 프리드만의 계산은 틀리지 않았다. 틀린 사람은 아인슈타인이었다. 나중에 아인슈타인이 자신의 잘못을 인정하고 프리드만의 계산이 옳았다고 했지만, 한번 떨어진 신뢰도는 회복할 수 없었다.

프리드만은 이런 일을 겪고도 자신의 이론을 더욱 발전시켜 나갔다. 하지만 그 기간이 그리 길지는 않았다. 커다란 기구를 타고 대기 연구 자료를 수집하러 7400m 상공까지 올라갔다가 열병에 걸렸는데, 지상에 내려와서는 헛소리를 할 정도로 심하게 앓다가 1925년에 죽고 말았기 때문이다. 프리드만은 전쟁 때 얻은 질병으로 몸이 매우 약해진 상태에서 무리하게 기구를 타는 실험을 하다 열병에 걸렸다. 만약 그가 건강한 상태에서 기구를 탔다면 병에 걸리지 않았을 것이다. 이렇게 전쟁이 젊은 과학자들을 직간접적으로 죽음으로 내모는 일이 많았다. 프리드만은 37세라는 젊은 나이에 죽었다. 논문을 발표한 지 3년 만의 일이다.

다시 말하지만, 프리드만이 제시한 역동적인 우주관은 당시로서는 아주 혁신적인 것이었다. 이는 코페르니쿠스가 세상의 중심인 줄 알았던 지구가 사실은 태양 둘레를 돌고 있다는 사실을 깨달은 것과 같은 수준의 발견이었다. 프리드만은 붙박이별은 붙박이가 아니라고 말하고 있었다. 그러나 그가 살아 있는 동안 이 새로운 우주관은 논란의 대상조차 되지 못했다. 지구가 태양 둘레를 돈다는 것을 믿기 힘든 만큼 우주가 변하고 있다는 것 역시 믿기 힘들었으니까.

물리학자인 아인슈타인과 드 지터, 수학자 프리드만은 모두 이론가였다. 이들은 뛰어난 두뇌로 우리가 포함되어 있는 우주에 대해 탐구했다. 하지만 모순적이게도 이들은 우주에 대해 이야기하면서도 실제로 우주를 관측한 일은 한 번도 없었다. 또 천문학자들이 관측한 자료에 관해서도 아는 것이 거의 없었다.

아인슈타인과 드 지터, 프리드만이 일반상대성이론의 방정식을
풀면서 우주가 정적인지 변하는지를 놓고 열띤 토론을 벌이고
있을 때 미국 천문학자 슬라이퍼는 애리조나주 사막에 있는 로
웰천문대에서 우리로부터 도망치는 이상한 성운들을 조용히 지
켜보고 있었다. 당시 슬라이퍼는 이것이 외부은하인지도 모르고
이것이 왜 우리에게서 멀어지는지도 몰랐지만 열심히 관측해
자료를 모았다. 그러나 세 이론가는 이런 관측 사실을 전혀 몰랐
고, 미국의 천문학자들도 대서양 건너 유럽에서 이론가들이 머

리로만 우주 모형을 만들고 있다는 사실을 잘 몰랐다. 요즘같이 온 지구가 정보를 실시간으로 주고받던 때가 아니라서, 대서양을 사이에 두고 벌어진 일에 관한 소식이 오가는 데는 꽤 시간이 걸렸다.

우주론이 전혀 인기 학문이 아니던 20세기 초, 가장 머리가 좋은 인간이었던 아인슈타인은 시간에 따라 변하지 않는 정적인 우주를 붙들고 있었고, 그의 친구 드 지터는 팽창하는 우주 모형을 정적인 우주 모형이라고 착각하고 있었고, 러시아 수학자 프리드만은 연필만 든 채로 우주가 팽창할 수도 있고 쪼그라들 수도 있다고 외친 뒤 세상을 등질 무렵, 수학·물리학·천문학에 두루 재능을 갖춘 벨기에 사람이 유럽과 미국을 종횡무진 오가며 새로운 우주 모형을 완성하고 있었다. 그는 프리드만의 연구에 대해 전혀 모른 채 독자적으로, 팽창하는 우주 모형을 만들어 갔다.

그는 놀랍게도 신부복을 입은 사제였다.

3

르메트르,
최신
관측천문학을
익히다

    과학자이자 신부인 조르주 르메트르는 19세기가 저물어 가
는 1894년 벨기에 샤를루아에서 태어났다. 제1차 세계대전이 일
어나자 유럽의 많은 젊은이처럼 르메트르도 군에 입대했다. 르
메트르가 전쟁터에서 겪은 일 중 가장 끔찍했던 것은 독일군이
살포한 가스였다. 그는 독일군의 가스 공격으로 벌어진 끔찍한
현장을 목격하면서 사제가 되겠다고 결심한 것 같다. 아마 전쟁
터에서 벌어지는 일들을 겪으며 인간의 참모습에 대해 깊이 고
민했을 것이다. 프리드만이 그랬듯이 르메트르도 포병대에 배
치되어 탄도 계산을 했다. 그러던 중 지침서에 나온 탄도 계산에

오류가 있다고 상관에게 지적했다가 미운털이 박혀 참전 기간 내내 고생하고, 제대 후에도 포상을 받지 못했다.

이 일화로 짐작할 수 있는 사실은 어떤 종류의 식이나 계산이든 꼼꼼히 따지고 분석해 오류를 발견하는 특기가 그에게 있었다는 점이다. 훗날 르메트르의 이런 능력 덕을 본 사람이 바로 드 지터다. 르메트르는 우주 모형에 관심을 가지면서 드 지터의 우주 모형을 알게 되었고, 그의 계산을 꼼꼼히 분석한 결과 드 지터의 우주 모형이 좌표 변환에 오류가 있으며 이 오류를 바로잡으면 팽창하는 우주 모형이 된다는 사실을 알아냈다.

전쟁이 끝나자 대학으로 돌아간 르메트르는 수학과 물리학을 전공으로 정하고 1920년 최우등으로 박사 학위를 받았으며 성롬바우츠신학교의 학생이 되었다. 성롬바우츠신학교는 자유로운 교육 체제를 갖추고 있어서 신학 공부와 과학, 수학 공부를 얼마든지 병행할 수 있었다. 그는 이곳에서 아인슈타인의 연구를 처음 알게 되었고 거의 혼자 힘으로 일반상대성이론을 공부했다. 1922년에는 〈아인슈타인의 물리학(Physics of Einstein)〉이라는 논문을 써서 벨기에 정부로부터 장학금을 받아 영국 유학을 갈 수 있게 되었다. 사제로 임명된 르메트르는 1923년 영국 유학길에 올랐다.

영국 케임브리지에서는 아서 에딩턴이 르메트르를 기다리

고 있었다. 에딩턴은 영어권에서 가장 먼저 아인슈타인의 일반
상대성이론을 이해했고, 1919년 프린시페 섬에서 일식을 관측
해 아인슈타인의 이론이 옳다는 것을 증명한 사람이다. 지금은
이렇게 간단한 문장으로 역사적인 일식 관측에 대해 이야기하지
만 에딩턴은 이 관측을 하려고 수많은 난관을 넘어야 했다. 당시
유럽은 여전히 전쟁의 기운에 휩싸여 있었고, 에딩턴과 아인슈
타인은 편지조차 마음대로 주고받을 수 없었다. 대다수 영국인
들은 뉴턴을 과학의 신으로 여겼고 독일인인 아인슈타인을 싫어
했다. 그런데 아인슈타인은 떠오르는 과학의 신이었다. 영국 과
학자들은 독일인의 이론이 뉴턴의 이론을 밀어내는 꼴을 보고
싶지 않아 에딩턴의 일식 관측을 방해했다.

에딩턴은 일식을 관측해서 아인슈타인의 이론이 틀렸다는
것을 증명해야 한다고 왕립천문대장을 꼬드겨 관측 비용을 얻
어 냈다. 그러나 이 관측으로 태양처럼 중력이 센 천체의 주변
이라면 별빛도 휘어갈 수밖에 없다는 것이 증명되었고, 영국 왕
립천문대는 뉴턴이 틀렸고 아인슈타인이 옳다는 것을 증명하는
데 돈을 댄 꼴이 되고 말았다. 2008년에 개봉한 영화 〈아인슈타
인과 에딩턴〉에서 이 사건을 아주 잘 다루고 있다.

에딩턴은 새로 떠오르는 천체물리학 지식을 두루 갖추었
고, 관측 자료를 이론에 적용하는 방법도 잘 알고 있었다. 다시

말해, 이론과 관측에 두루 능통한 사람이었다. 르메트르는 에 딩턴을 스승으로 삼고 이 모든 것을 배워 나갔다. 1923년 가을 과 1924년 봄 학기에 르메트르는 일반상대성이론을 수학적으로 나 관측적으로 우주론에 적용하는 방식을 터득해 갔다. 아인슈 타인, 드 지터, 프리드만이 책상에 앉아 오로지 연필만 들고 우 주 모형을 연구하고 있던 것과는 아주 달랐다. 에딩턴은 이 신부 복을 입은 제자가 수학에 대단히 뛰어난 재능이 있다는 것을 꿰 뚫어 보고 이 제자가 대서양 건너에 있는 또 다른 케임브리지에 가서 배움의 폭을 넓힐 수 있도록 추천장을 써 주었다.

당시 미국의 천문학계는 유럽과는 아주 다른 길을 걷고 있 었다. 미국에는 유럽 어디에도 없는 커다란 망원경이 있었고, 그 망원경으로 관측한 사실들을 바탕으로 우주의 규모가 얼마나 큰지를 두고 한창 싸움이 벌어지고 있었다. 르메트르는 최신 관 측천문학의 세계로 발을 내딛기 위해 대서양을 건넜다. 아인슈 타인도 드 지터도 프리드만도 건너지 않은 대서양을 누구보다 먼저 건넌 것이다. 미국 동부에 있는 케임브리지에는 하버드대 학이 있었고, 그곳에서 유명한 천문학자 할로 섀플리가 르메트 르를 기다리고 있었다.

르메트르가 대서양을 건너 하버드에 도착했을 때 미국의 천문학계는 어떤 상황이었을까? 잠시 시계를 1919년으로 돌려 보자. 유럽에서는 전쟁에서 돌아온 르메트르가 벨기에 루벵대학에서 수학과 물리학 공부에 매진하고 있었고, 역시 전쟁에서 돌아온 프리드만은 러시아에서 뒤늦게 일반상대성이론을 알게 되었고, 아인슈타인과 드 지터는 물질이 가득 찬 우주와 물질이 없는 우주를 놓고 격돌을 벌이고 있었다. 유럽에서 이런 일들이 있을 때 미국 서부 캘리포니아에서는 아주 흥미로운 일이 벌어졌다.

아직 잘 알려지지 않은 천문학자이지만 훗날 연예인 버금가는 인기를 누리며 유명해질 에드윈 허블이 캘리포니아에 있는 윌슨산천문대의 연구원으로 들어간 것이다. 허블처럼 이름이 많이 불리는 천문학자도 드물다. 허블의 법칙, 허블상수는 천문학을 공부하는 사람뿐 아니라 천문학에 관심 있는 사람이라면 모두 죽는 날까지 써야 할 말이고, 허블 우주 망원경이 수명을 다해 하늘에서 내려오기 전에는 좋든 싫든 우리는 계속 허블의 이름을 불러 대야만 한다.

허블은 1889년 미국 미주리주에서 태어났다. 시카고대학에서 법률과 물리학을 함께 공부한 그는 로즈 장학금을 받아 옥스퍼드대학으로 유학을 갔지만 그곳에서 천문학이 아니라 법률을 공부했다. 가부장적인 아버지의 강요 때문이었다. 1913년 아버지가 세상을 떠난 뒤 잠깐 법률사무소에 다니긴 했지만 곧 천문학 공부를 다시 시작했다. 여키스천문대에서 박사 과정을 밟고 천문학자의 길로 들어선 그는, 천문학자에게 가장 중요한 도구가 성능 좋은 망원경이라는 사실을 알고 있었다. 이론적인 계산보다는 성운을 직접 보고 사진 찍고 연구하기를 좋아한 허블로서는 당연한 선택이었다. 무조건 이 지구에서 가장 큰 망원경이 있는 곳으로 가야 했다. 당시 가장 큰 망원경은 윌슨산천문대에 있는 지름 2.5m짜리 후커 망원경! 윌슨산천문대에서도 허블의 능력을 알아보고 그를 연구원으로 뽑고 싶어 했다. 1919년 8월, 허블은 윌슨산천문대 연구원이 될 수 있었다.

허블이 윌슨산에 도착할 무렵 천문학계에서는 '안드로메다 성운'이 우리은하에 있는 성운인지 우리은하 밖에 있는 독립된 성운인지를 놓고 대논쟁이 벌어졌다. 안드로메다 성운이 아니라 '안드로메다은하'가 맞는 말이라는 것을 지금은 다 알지만, 그때는 이것을 그냥 희뿌연 우주 구름이라고 생각했다. 이 대목에서는 당시 쓰던 표현대로 안드로메다 성운이라고 불러 보자. 그럼 당시 분위기가 날지도 모르니 말이다.

사람들이 대논쟁이라고 이름 붙인 이 의견 싸움에서 할로 섀플리는, 안드로메다 성운이 우리은하의 일부이며 우주는 우리은하로 채워져 있다고 주장했다. 이것은 지구인들 대부분이 믿는 전통적인 우주관이기도 했다. 반면에, 릭천문대의 대장 히

후커 망원경

원통으로 보이는 두 구조물 가운데 어떤 것이 망원경일까? 위를 향하고 철골이 얼기설기 엮여 있는 것이 망원경! 위를 보고 있는 망원경의 아랫부분에 빛을 모으는 오목 거울이 있다. 하늘에서 쏟아져 들어온 빛은 이 오목 거울에 반사되어 한곳으로 모인다. 후커 망원경은 당시에 가장 큰 반사 망원경이었다.

버 커티스는 안드로메다 성운은 우리은하 바깥에 있는 성운이라고 주장했다. 다만 그때는 우리은하 바깥에 은하가 있다는 개념이 없었기 때문에 외부은하라는 말은 쓰지 않았다. 이 논쟁이 끝나려면 어느 한쪽의 손을 들어 줄 수 있는 결정적인 관측 증거가 필요했다. 허블은 윌슨산천문대 연구원이 될 당시 커티스의 주장, 즉 성운은 우리은하에서 멀리 떨어져 있는 '외부 성운(extragalactic nebulae)'이라는 생각에 한 표를 던지고 있었다. 허블이 어느 편에 설지는 자유롭게 결정할 수 있지만, 커티스 편을 들면서 윌슨산천문대에서 일하는 것은 몹시 불편할 수 있었다. 당시 윌슨산천문대의 대장이 바로 섀플리였기 때문이다. 우리은하가 이 우주를 다 채우고 있다고 주장하는 장본인이 허블의 상관이었던 것이다.

상황이 이러니 허블과 섀플리의 사이는 좋을 수가 없었다. 두 사람의 사이가 나빠진 데는 과학적인 의견의 대립뿐 아니라 개인적인 취향도 한몫했다. 섀플리는 참전 반대자로 유명했는데, 하필이면 허블이 가장 즐겨 입는 옷이 군용 코트였다. 허블은 영국에서 공부한 뒤로 무슨 이유에서인지 낡은 군용 코트만 입고 다녔고 자연스럽지 않은 영국식 억양이 섞인 영어를 썼다. 또 허블은 남들 앞에 나서기를 좋아하고 사람들의 이목을 끄는 것도 즐겼다. 섀플리는 이 모든 것이 마음에 들지 않았다.

하지만 섀플리도 평범한 사람은 아니었다. 그는 원래 대학에서 언론을 공부하고 싶었지만, 그것에 관한 전공과목이 없어져서 다른 선택을 해야 했다. 전공 분야 목록을 펼치고 맨 앞에 있는 분야를 보았다. 아키알러지(Archaeology), 고고학이었다. 그러나 그는 이 단어를 어떻게 읽는지 몰랐다. 그 다음 분야는 천문학인 어스트라너미(Astronomy), 이건 읽을 수 있었다. 섀플리는 이렇게 어이없는 방법으로 천문학자의 길로 들어섰다.

만일 어떤 친구가 모의고사 보는 날 아침의 컨디션에 따라 과학 탐구 과목 중 2개를 골라 시험을 보는데 볼 때마다 만점을 맞았고, 졸업할 즈음에는 운동장을 기어다니는 벌레의 종류와 행동 양식에 대한 논문을 썼다고 치자. 그는 분명히 머리가 좋지만, 괴짜라는 평을 면하지 못하고 재수 없다는 소리까지 들을지도 모른다. 섀플리가 그랬다. 그는 고집이 세서 자기가 틀려도 절대 그것을 인정하지 않았고, 일이 없을 때도 가만히 있지를 못했다. 윌슨산천문대를 방문하는 사람은 칼바람이 부는 겨울에 꽁꽁 언 땅을 열심히 지켜보는 섀플리를 볼 수 있었다. 그는 틈만 나면 개미를 관찰했는데, 그 결과를 엮어 미국의 생태학 기관지에 논문을 싣기도 했다.

허블과 섀플리는 개성이 무척 강한 사람들이었다. 한 공간에서 머리를 맞대고 연구하는 일은 상상도 할 수 없었다. 그러던

1921년 섀플리는 하버드대학 천문대 대장으로 승진해 윌슨산을 떠났다. 허블은 미국 서부에 남고 섀플리는 동부로 간 것이다. 두 사람 사이에 물리적 거리가 생기자 감정적인 문제도 사라졌다. 허블은 더없이 좋았다. 관측 시간이 늘어난 데다 신경 쓰이던 사람이 없어졌기 때문이다.

이런 일들이 벌어진 가운데 1923년 10월, 허블은 역사적인 업적이 될 사진을 찍기 위해 당시 가장 큰 망원경인 후커 망원경을 안드로메다 성운으로 돌렸다. 허블은 이틀에 걸쳐 안드로메다 성운 사진을 두 장 찍었다. 이 사진은 그동안 벌어진 대논쟁을 끝내고 허블을 누구보다 유명하게 만들어 줄 것이었다.

안드로메다 성운 사진을 세심히 관찰한 허블은 성운 바깥 부분에서 변광성으로 보이는 점을 발견했다. 이틀에 걸쳐 찍은 사진에 다 나온 것을 보면, 티끌이나 실수가 아니고 틀림없는 별이었다. 이어진 사진 관측 끝에 성운에서 발견된 별은 31.4151일 주기로 진해졌다 흐려지기를 반복하는 세페이드변광성이라는 것이 밝혀졌다.

사실 천문학자들 사이에서는 '밝아졌다 어두워졌다'라거나 '밝기의 변화'라는 말이 많이 쓰인다. 그러나 변광성이 찍힌 사진을 보면, 그것이 밝다기보다는 진하게 보이고 어두워졌다기보다 흐리게 보인다고 말하는 것이 훨씬 알아듣기 쉽다. 천체 사진

Hubble Space Telescope
WFC3/UVIS

VAR!

6-Oct
1923

Edwin Hubble 1923
Carnegie Observatories
100-inch Telescope.

Photo: R. Gendler

세페이드변광성

안드로메다 성운 사진의 오른쪽 아래 있는 사진을 보라. 사진의 오른쪽 위에 'VAR!'라고 적혀 있는데, 변광성을 뜻하는 영어 단어의 앞 세 음절이다. 이것이 바로 세페이드변광성. 알면 보이고 모르면 지나칠 수밖에 없는 아주 작은 점에 불과한 변광성. 천문학자들은 이런 작은 점을 구분하는 능력을 가지고 있다. 사실 천문학자들은 사진 건판을 직접 분석하기 때문에 음양이 반대로 보인다. 위 사진은 그 건판을 인화한 것이다. 세페이드변광성은 별의 진화 중 말기에 해당하는 별로, 스스로 불안정해 부풀었다 줄었다를 반복한다. 그래서 우리 눈에는 별의 밝기가 변하는 것으로 보이고, 그 변광주기가 일정한 덕분에 우리는 세페이드 변광성을 우주의 촛불로 이용할 수 있다.

을 찍어 필름을 인화하면 우리가 보는 사진과 음양이 반대인 사진이 나온다. 허블이 들고 있는 감광판의 한 종류인 건판은 바탕이 투명하고 성운과 별이 찍힌 부분은 검게 보인다. 그러니 별이 밝다면 검은 점은 크고 진하게 나타나고 별이 어두우면 작고 흐리게 보인다.

별이 밝으면 더 진하게 보인다는 것은 망원경을 통해서도 확인할 수 있다. 내 경험을 이야기해 보자면, 우리나라 보현산천문대에서 해마다 열리는 별 축제에 온 사람이 망원경으로 별을 보면 얼마나 크게 보이냐고 질문한 적이 있다. 망원경으로 별을 보아도 그냥 점으로 보인다고 했는데, 그럼 왜 비싼 망원경이 필요하냐고 되물어서 망원경이 비쌀수록 별이 '진하게' 보인다고 대답했다. 그때 옆에 서 있던 천문학자들은 내 대답에 모두 같이 고개를 끄덕였다.

진하게 보였다 흐리게 보이기를 반복하는 세페이드변광성은 변광 주기가 아주 정확하고 변광주기와 별의 진짜 밝기 사이에 수학적인 관계가 있어서 매우 쓸모 있는 별이다. 전문용어로 말하자면, 변광주기가 며칠인지 알면 별의 절대등급을 알 수 있다. 안드로메다 성운에서 발견된 세페이드변광성은 태양보다 7000배나 밝은 별이었다. 이것은 정말 놀랄 일이었다. 이렇게 밝은 별이 지름이 2.5m나 되는 커다란 망원경으로 45분이나 노출을 주어야 겨우 사진 건판에 모습을 드러내다니! 그렇다면 결론은 하나, 그 별은 엄청나게 멀리 있어야만 했다! 정확하게 관측하기로 소문난 허블은 이 변광성이 태양에서 90만 광년이나 떨어져 있다는 결론을 얻었다.

우리은하의 크기는 10만 광년. 이제 모든 것이 명백해졌다. 안드로메다 성운은 우리은하 안에 있는 성운이 아니고 우리은하 밖에, 그것도 우리은하 크기의 9배만큼 떨어진 곳에 있는 외부은하인 것이다. 그리고 안드로메다 성운이 아니라 안드로메다 은하라고 불러야 맞았다. 물론 그때는 우리은하 밖에 우리은하 같은 은하들이 더 있다는 것도 생각하기 힘들었기 때문에 외부은하라는 말은 아주 조심스럽게 썼다. 우주는 10만 광년 크기의 아담한 은하가 아니었다.

대논쟁이 끝났다. 허블이 커티스의 손을 들어 주었다. 섀플리가 졌다. 1924년 허블의 관측 결과가 공개되자 가장 참을 수 없는 사람은 섀플리였다. 하버드로 떠난 섀플리는 대논쟁에서 진 것을 한동안 받아들이지 못했다. 그러나 섀플리도 결국 자신의 패배를 받아들일 수밖에 없었다. 우주는 우리은하만으로 채워져 있지 않은 것이 확실했다. 지구인들은 갑자기 10배로 늘어난 우주의 크기에 현기증을 느끼고 있었다.

바로 이런 시기에, 신부복을 입은 르메트르가 대서양을 건

너 미국 동부 케임브리지의 하버드에 도착했다. 그곳에는 아직
도 분을 삭이지 못한 섀플리가 르메트르를 기다리고 있었다.

4

레빗,
변덕스러운
별들을 쫓다

　르메트르가 미국의 케임브리지에 도착하자, 섀플리는 바로 세페이드변광성에 관해 이론적으로 연구해 보라고 했다. 르메트르는 이 변광성이 아주 흥미로운 대상이라는 것을 곧 알아차리고 이론을 공부하는 것은 물론이고 관측 경험까지 쌓았다.

　세페이드변광성! 여러분은 섀플리와 커티스의 대논쟁에서 커티스의 손을 들어 준 허블이 세페이드변광성을 이용해 안드로메다 성운이 우리은하에서 멀리 떨어진 독립적인 은하라는 사실을 밝혀낸 것을 기억하고 있을 것이다. 이런, 세페이드변광성이 도대체 뭐지?

사람이든 별이든 나이가 들면 변덕을 부린다. 별의 경우 늙으면 자기 몸을 부풀렸다 줄이기를 반복한다. 멀리서 보면 이런 별들이 밝았다 어두워지기를 반복하는 것으로 보인다. 다행인 것은, 이런 밝기의 변화가 아주 규칙적으로 일어난다는 점이다. 별은 사람과 달리 예상할 수 있는 변덕을 부린다. 더 고마운 것은, 원래 밝던 별은 밝았다 어두워지는 주기가 아주 길고, 원래 어둡던 별은 밝았다 어두워지는 주기가 짧다는 점이다. 세페이드변광성의 절대등급과 변광주기 사이에 이런 관계가 있다는 사실을 안 것은 아주 획기적인 일이었다. 지구에 가만히 앉아서 변광성의 변광주기를 재는 것만으로도 그 별의 원래 밝기를 알 수 있고, 이렇게 절대등급을 알고 나면 별의 상대적인 거리를 구할 수 있다.

이런 획기적인 방법을 알아낸 사람은 영특한 여성 천문학자 헨리에타 레빗이다. 레빗은 학창 시절에 열병을 앓아 청력을 잃었다. 그런데 레빗의 몸은 잃어버린 청력을 보충하기 위해 뛰어난 시력과 집중력을 발휘했다. 게다가 레빗은 훌륭한 과학자답게 뛰어난 직관을 가지고 있었다. 그 결과, 레빗은 작은 점들이 찍혀 있는 사진 건판을 엄청난 집중력을 발휘해 분석하고 마침내 변광성의 주기와 원래 밝기 사이에 어떤 관계가 있다는 것을 알아차렸다. 문제는 이 관계를 어떻게 증명하느냐 하는 것이었다. 레빗은 묘수를 냈다. 우리은하 외곽의 소마젤란성운에 모여 있는 세페이드변광성을 집중적으로 관측하는 것이었다.

지구에서 소마젤란성운까지는 아주 멀기 때문에 소마젤란성운에 모여 있는 세페이드변광성은 지구로부터 모두 같은 거리에 있다고 볼 수 있다. 즉 소마젤란성운 안에 있는 어떤 세페이드변광성이 바로 옆에 있는 세페이드변광성보다 밝다면 그 변광성이 나에게 가까이 있기 때문이 아니라 진짜로 더 밝기 때문이라고 생각한 것이다. 이런 가정은 아주 훌륭했다.

레빗의 생각을 이해하려면 63빌딩 꼭대기에서 1천 원에 이용할 수 있는 쌍안경으로 한강에 떠 있는 유람선을 본다고 상상하면 된다. 한강에 떠 있는 유람선에서는 우리나라의 강을 있는 그대로 보존하자는 촛불 파티가 한창이다. 주최 측에서는 파티에 쓰려고 초를 주문했는데, 직원의 실수로 심지가 굵은 초와 심지가 가는 초가 같이 배달되었다. 사람들은 무작위로 초를 나누어 받았고, 파티의 절정에 이르러 모두 초를 켰을 때는 밝은 촛불과 어두운 촛불이 섞여 있다. 초를 잘못 주문했다고 혼이 난 직원은 억울했다. 초의 밝기가 다른 것이 더 자연스럽게 보였기 때문이다.

자, 이제 63빌딩 꼭대기로 가 보자. 이 경우 빌딩과 유람선은 아주 멀리 떨어져 있기 때문에 배에 있는 촛불들은 빌딩에서 모두 같은 거리에 있다고 할 수 있다. 만약 데이트하는 남녀가 든 촛불 가운데 여성의 것이 더 밝다면, 그것은 여성이 들고 있는 초가 진짜 더 밝기 때문이지 그 초가 63빌딩에 더 가까이 있기 때문이 아니다. 다시 말해, 배가 빌딩에서 아주 멀리 떨어져 있기 때문에 배에 있는 촛불은 모두 같은 거리에 있다고 보아도 된다. 레빗의 생각은 기본적으로 이런 것이었다.

물론 레빗은 데이트하는 남녀를 관측한 것이 아니라 나이가 들어 변덕을 부리는 늙은 세페이드변광성 25개를 끈질기게 추적했다. 집요한 분석 끝에 레빗은 세페이드변광성의 주기와 밝기에 관한 수학적 관계를 알려 주는 멋진 직선 그래프를 얻었다. 그래프의 가로축은 변광주기이고 세로축은 절대등급으로, 누구든 변광성의 주기만 구하면 이 그래프를 보고 별의 절대등급을 구할 수 있었다. 이 근사한 관계식은 1912년 논문으로 발표되었고, 그 뒤로 관측 자료가 많이 더해져서 더 정밀한 관계식이 되었다. 이 관계식은 100년이 지난 지금까지도 가까운 별까지의 상대적인 거리를 재는 방법으로 쓰이고 있다.

레빗의 근사한 관계식이 알려지지 않았다면 허블은 대논쟁에 종지부를 찍을 사진을 찍고도 안드로메다은하까지의 거리는 절대 잴 수 없었을 것이다. 즉 레빗의 연구로 가장 큰 혜택을 본 사람이 바로 허블이다. 그러나 레빗은 세페이드변광성을 연구

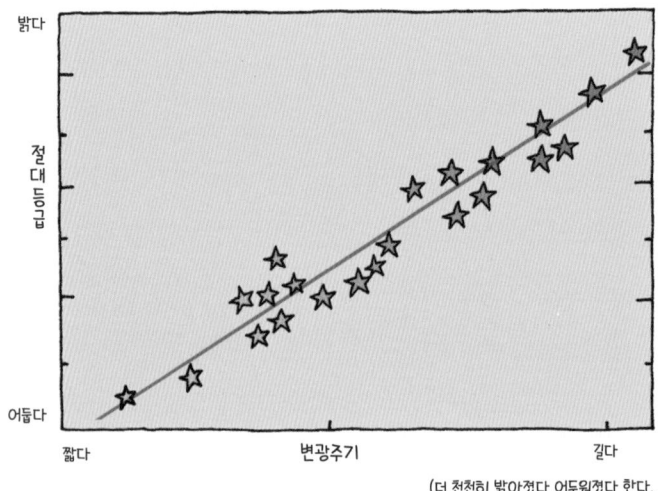

(더 뜨겁고 더 밝고 더 크다.)

밝다

절
대
등
급

어둡다

짧다　　　　　　　　변광주기　　　　　　　　길다

(더 천천히 밝아졌다 어두워졌다 한다.
즉 덜 변덕스럽다.)

레빗의 법칙

레빗은 세페이드변광성의 밝기 주기가 그 별의 원래 밝기와 상관관계가 있다는 사실을 알아냈다. 원래 밝았던 별은 수십 일에서 100일의 주기로 천천히 밝았다 어두웠다를 반복하고 원래 어두웠던 별은 며칠, 짧으면 몇 시간을 주기로 밝기가 변한다는 관계를 찾아낸 것이다. 이 관계를 깨달은 뒤부터 천문학자들은 세페이드변광성의 주기를 관측하면 그 별의 원래 밝기를 알아낼 수 있게 되었다. 지금도 별의 거리를 재는 가장 기본적인 방법으로 쓰이고 있는 레빗의 법칙이 없었다면 천문학의 발전이 훨씬 늦어졌을 것이다.

할 때 요즘으로 치면 최저임금에도 못 미치는 돈을 받으며 일했고, 레빗과 비슷한 일을 하던 여성 천문학자들은 기계적인 작업을 하는 사람들이라는 뜻에서 '컴퓨터'라는 별명으로 불렸다. 허블이 세계적인 천문학자로 우뚝 서는 데 큰 디딤돌이 된 레빗은 역사적인 대논쟁의 결말에 자신의 연구 결과가 큰 구실을 하는 장면을 보지 못한 채 1921년에 암으로 죽고 말았다.

　르메트르가 미국으로 갔을 때는 우리은하 밖에 있는 외부은하까지의 거리를 잴 수 있는 유일한 방법이 세페이드변광성을 이용하는 것이었다. 섀플리에게 세페이드변광성에 관해 배운 것은 당시 최신 천문 관측 교육을 받은 것과 같았다. 과학자 신부님은 최신 천문학을 하나하나 성실하게 익혔다.

5

빛,
알뜰하게 모아
꼼꼼하게
분석하다

르메트르는 흥미로운 수업을 또 하나 듣는데, 바로 분광학이다. 분광은 말 그대로 빛을 나누는 것인데, 우리가 지구를 벗어나 멀리 있는 별이나 외부은하에 직접 가지 않는 이상 별과 외부은하에 대해 알 길은 그 천체에서 온 약한 빛을 알뜰하게 모아 꼼꼼하게 쪼개 보는 것뿐이다. 그렇게 하려면 가능한 한 큰 망원경, 그 망원경으로 모은 빛을 정밀하게 파장별로 쪼갤 수 있는 분광기, 쪼개진 빛을 촬영할 사진 기술이 필요하다. 과학기술의 한계를 넘는 망원경 만들기와 다양한 용도에 맞춘 분광기와 촬영 기술의 개발은 지금도 진행 중이다.

그럼, 르메트르가 공부한 내용을 우리도 따라가 보자. 이 내용들은 지금도 과학 교과서에 빠지지 않고 나온다.

분광학을 이해하려면 빛을 잘 해부해 봐야 한다. 과학자들은 빛에 대해 이렇게 이야기한다. '빛은 파동이면서 입자다.'

정말이지 와 닿지 않는 말이다. 나는 물리학자를 만날 때마다 빛이 파동이면서 입자인 것을 상상할 수 있냐고 물어보는데, 자신 있게 그렇다고 말하는 사람을 만난 적이 없다. 빛은 이름이 두 개다. 파동성을 강조한 '전자기파'와 입자성을 강조한 '광자'인데, 나는 광자를 즐겨 쓰는 편이다. 전자기파보다는 광자가 더 가까운 친구 같은 느낌이 들기 때문이다.

광자들이 하는 일은 에너지 전달이다. 양지바른 곳에 앉아 있으면 따뜻해지는 것은 태양으로부터 날아온 광자가 피부에 열을 전달해 주기 때문이다. 그럼 광자들은 모두 같은 에너지를 가지고 있을까? 그렇지 않다. 광자들도 나름대로 성격이 있다. 그 성격은 광자의 파동성에서 나타난다. 광자들은 제각각 다른 주파수, 즉 파장을 가지고 있다. 파장이 다른 광자들을 잡아다 죽 줄을 세우면 그들의 성격을 바로 파악할 수 있다.

높은 주파수, 즉 짧은 파장을 가진 광자들은 에너지가 아주 충만하다. 충만하다 못해 어떤 광자들은 매우 위험하기까지 하다. 우라늄 같은 방사성동위원소◆에서는 감마선이라는 광자가 나오는데, 에너지가 아주 많아 인체를 뚫고 들어가 유전자를 부숴 암에 걸리게 만든다. 그것보다는 조금 약하지만 엑스선도 몸을 뚫고 지나갈 정도로 에너지가 많다. 그러나 뼈까지 통과하지는 못해서 뼈 사진을 찍는 데 쓰인다. 이것보다 좀 약하지만 자외선도 만만찮은 광자다. 여름 바닷가에서 논 대가로 벌겋게 탄 등을 얼음으로 문질러야 하는 것은 자외선이 피부를 태울 만큼 에너지가 많기 때문이다. 감마선, 엑스선, 자외선은 생명체에게는 치명적인 광자들이며 태양에서 마구 쏟아져 나와 지구에 융단폭격을 한다.

그런데 다행스럽게도 지구에는 다양한 방패 기능이 있어서 이 광자들 중 아주 소량만 지구 대기를 뚫고 들어온다.

이번에는 비실비실한 광자들을 살펴보자. 낮은 주파수, 즉 긴 파장을 가진 광자들은 에너지가 적다. 라디오, 텔레비전, 휴대전화에 쓰이는 전파는 감마선이나 엑스선처럼 강력한 에너지를 가지고 있지는 않아도 정보를 전달하는 데 유용하다. 즉석요리를 맛있게 데워 주는 전자레인지의 마이크로파는 라디오파보다는 에너지가 많다. 그리고 우리 몸에서 나오는 적외선은 마이크로파보다 에너지가 많다. 라디오파, 마이크로파 같은 전파나

✦ 어떤 원소의 동위원소 중 핵이 불안정하여 방사성 붕괴를 하는 원소.

적외선은 우리에게 치명적인 위험을 주지 않는다.

위험한 자외선과 위험하지 않은 적외선 사이에는 가시광선이 있다. 가시광선, 바로 우리가 볼 수 있는 빛이고 광자들이다. 가시광선은 파장에 따라 각기 다른 색으로 구분할 수 있다. 빨간색은 적외선 바로 옆에 붙어 있고 보라색은 자외선 바로 옆에 붙어 있다. 게임 용어로 말하자면, 보라색 광자가 빨간색 광자보다 에너지 레벨이 세다.

인간은 앞에서 설명한 다양한 광자들 중 가시광선만 볼 수 있다. 하지만 지구상에 있는 동물 가운데는 자외선을 볼 수 있는 곤충이 있고 적외선을 보는 동물도 있다. 생물은 저마다 자신의 삶에 유리한 광자들을 보도록 진화해 왔다.

태양 같은 별에서는 감마선에서 전파까지 모든 파장의 광자들이 다 튀어나온다. 그렇다면 어떤 별은 붉은색으로 보이고 어떤 별은 파란색으로 보이는 이유가 뭘까? 이유는 간단하다. 붉은색 별은 붉은색에 해당하는 광자를 가장 많이 내뿜기 때문에 붉게 보이고, 파란색 별은 파란색 파장을 가진 광자를 가장 많이 내놓기 때문에 파랗게 보인다. 태양이 주황색에 가까운 노란색으로 보이는 것은 태양에서 노란색을 띠는 광자가 가장 많이 나오기 때문이다.

그럼 왜 어떤 별은 파란색 광자를 많이 내뿜고 어떤 별은 노란색 광자를 내놓을까? 그것은 별의 표면 온도와 아주 깊은 관계가 있다. 물리학자들은 별이 온도와 빛의 관계를 설명할 수 있는 아주 이상적인 공이라고 생각한다. 독일 과학자 막스 플랑크는 열을 가해 달구면 완벽하게 흡수하는 검은 공을 상상했다. 이것을 흑체라고 부르는데, 흑체가 처음에는 검은색이지만 온도가 3000K에 이르도록 달구면 붉은빛을 내고, 더 달궈서 5400K가 되면 노란색으로 빛나고, 더 달구면 파란색으로 빛나다가 더 달구면 흰색으로 빛날 것이라고 생각했다. 이렇게 흑체에서 빛이 나는 것을 흑체복사라고 한다.

플랑크는 흑체의 온도에 따라 각 파장에서 나오는 광자들의 수, 즉 빛의 세기를 파장에 따라 계산해서 그래프를 그렸다. 이것이 물리 교과서에 빠지지 않고 나오는 플랑크 곡선이다. 태양 표면의 온도를 5400K로 보는 것은, 태양에서 오는 빛의 세기를 파장별로 측정한 뒤 그래프를 그리고 그 그래프를 플랑크가 계산해서 그린 곡선 그래프와 비교했더니 5400K인 흑체복사 그래프와 잘 맞았기 때문이다. 이 그래프의 봉우리는 노란색 근처에 있다. 그래서 태양이 노랗게 보이는 것이다. 우주에 있는 어느 별이든 이 방법으로 그 온도를 알 수 있다. 표면 온도가 1만K를 넘는 경우 자외선이 가장 많이 나오고 가시광선에 해당하는 무지갯빛 광자들은 색마다 거의 같은 수가 나온다. 결국 이 광자

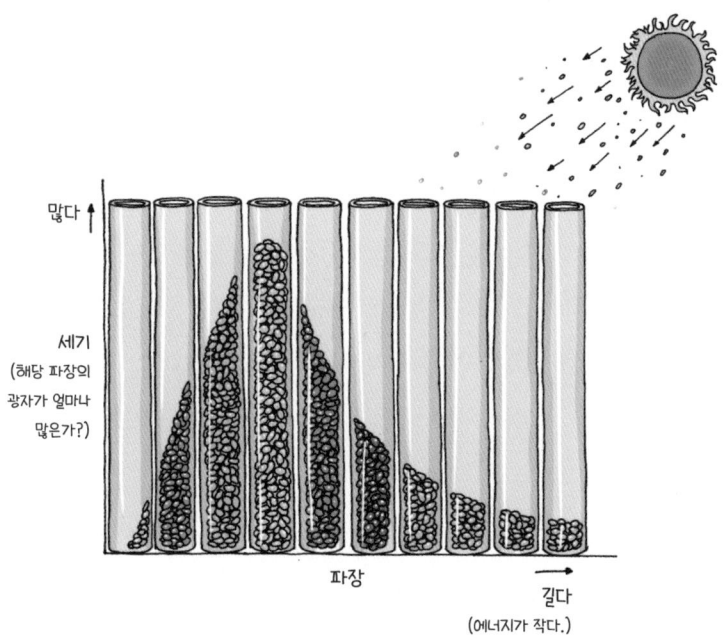

많다

세기
(해당 파장의
광자가 얼마나
많은가?)

파장

길다
(에너지가 작다.)

플랑크 곡선

모든 별은 파장이 긴 전파에서 파장이 아주 짧은 감마선에 이르기까지 모든 파장의 광자를 뿜어낸다. 다만 별마다 다른 점이 있다면 가장 많은 수의 광자를 뿜어내는 파장대가 각각 다르다는 사실이다. 어떤 별이 어떤 색 또는 어떤 파장의 광자를 가장 많이 뿜는지는 전적으로 표면 온도에 달려 있다. 예를 들어, 표면 온도가 6000K인 별은 노란색 광자를 다량 뿜어내서 노란색으로 보인다. 표면 온도가 1만K인 별은 우리 눈에 보이지 않는 자외선을 다량으로 내놓고 가시광선 또한 모든 색이 같은 양이 나오기 때문에 흰색으로 보인다. 반면, 표면 온도가 3000K인 별은 우리 눈에 보이지 않는 적외선을 가장 많이 내놓고 붉은색은 조금 내뿜는 탓에 어두운 붉은색으로 보인다.

들이 모두 합해져서 이 별은 흰색으로 보인다.

이제 천문학자들은 뜨거운 별에 가서 온도계를 꽂는 위험한 일을 하지 않고도 별의 표면 온도를 알 수 있게 되었다. 그냥 바라보는 것만으로 별의 표면 온도를 알아내다니, 이것은 레빗이 소마젤란성운에 가지 않고도 세페이드변광성들의 원래 밝기를 알아내는 것과도 같은 획기적인 일이었다. 물론 '그냥 바라보는 것'이라고 말하면, 천문학자들의 얼굴은 3000K 흑체로 변해 붉은색을 낼 것이다. 천문학자들에게 별빛을 바라보는 일은 아주 고통스러운 관측을 뜻하기 때문이다.

빛에 대해 길게 이야기했지만 이건 시작에 불과하다. 천문학은 빛의 학문이라고 해도 과언이 아니다. 사실 빛이 좋아서라기보다 빛 말고는 수집할 것이 없어서 그렇다. 별빛으로 알 수 있는 것은 별의 표면 온도만이 아니다. 사람마다 얼굴이 다른 것처럼 별도 개성 있는 얼굴이 있다. 별빛의 스펙트럼은 별마다 달라서 별을 구별하는 지문이 된다. 이제부터 그 이야기를 해 보자.

일찍부터 화학자들은 원소를 태우면 원소마다 고유한 색이 난다는 것을 알고 있었다. 나트륨은 주황빛, 네온은 붉은빛, 수은은 파란빛, 바륨은 초록빛을 낸다. 각 원소가 원자의 구조에 따라 고유한 색을 낸다는 사실을 이용해 만든 것이 네온사인과 화려한 폭죽이다. 우리 눈으로 보면 이런 색은 그냥 구별할 수

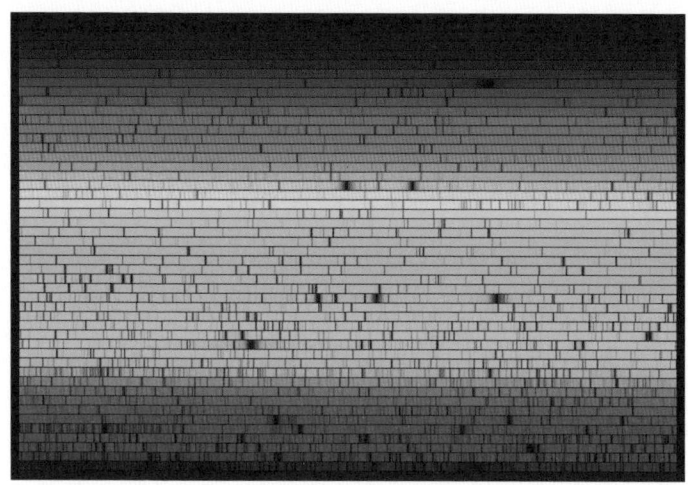

태양 스펙트럼

미국 애리조나주 투손에 있는 국립태양관측소에서 만든 태양 분광사진. 가시광 영역인 4000 Å (옹스트롬)에서 7000 Å 까지 파장별 세기를 측정해 그린 그림이다. 가로로 주욱 잘라 이어 붙이면 긴 스펙트럼 띠가 된다. 세로로 난 검은 줄무늬는 흡수선인데, 그 파장의 빛이 태양 대기에 흡수되어 태양을 빠져나오지 못했다는 것을 뜻한다. 이 흡수선을 잘 연구하면 태양에 대해 더욱 자세히 알 수 있다.

있을 정도다. 하지만 화학자들이 가진 비싼 기계인 분광기를 이용하면 원소들이 내는 빛이 아주 색다르게 보인다. 원소마다 특정한 파장에 많은 광자들이 모여서 진한 색을 내기 때문에 원소들이 서로 다른 색으로 보인다. 이런 사진을 스펙트럼이라고 하고, 스펙트럼 사진에는 원소마다 다른 줄무늬가 나타난다. 숙달된 과학자는 줄무늬만 보고도 이것이 어떤 원소의 스펙트럼인지 알 수 있다.

천문학자들은 화학자들이 쓰던 분광기를 가져와 태양에 들이댔다. 만약 태양의 스펙트럼 사진이 잘 나온다면 그 사진을 분석해 태양이 무엇으로 이루어졌는지 알 수 있을 것이다. 태양은 지구에서 가장 가까운 별이라서 별빛을 모으려고 애쓰지 않아도 되었다. 오히려 빛의 양을 줄이려고 노력해야만 했다. 천문학자들은 풍부한 태양 빛 덕에 아주 훌륭한 스펙트럼 사진을 얻을 수 있었다. 그것은 정말 놀라운 사진이었다. 사진에는 뭔지 모를 검은 줄무늬가 잔뜩 박혀 있었다. 자세히 들여다보니 이것은 원소들이 내는 밝은색의 선과 위치가 같았는데, 나트륨 선이 가장 눈에 띄었다. 태양 빛을 찍은 스펙트럼 사진에 실험실에서 얻은 나트륨 선이 찍혀 있었다. 그런데 검은색이라는 점이 달랐다. 왜 나트륨 선이 검게 나왔을까?

태양에서는 모든 파장의 빛이 나온다. 나트륨은 편식가다.

아니, 원소는 모두 대단한 편식가다. 원소들은 자기가 좋아하는 파장의 광자만 먹는다. 따라서 태양에 나트륨 원자들이 있다면 나트륨이 좋아하는 파장의 광자들만 골라 흡수한다. 나트륨에게 먹힌 광자는 지구까지 올 수도 없고 분광사진에 찍히지도 않는다. 그래서 스펙트럼 사진에 특정 파장이 검은색으로 나오는 것이다. 나트륨이 많을수록 검은 선은 짙어지고, 나트륨이 적으면 검은 선은 흐려진다.

원소들이 각각 특정 파장대의 빛을 편식한다는 것이 천문학자들에게는 대단한 행운이다. 이제 천문학자들은 모든 별에 망원경을 들이대고 분광기를 달아 스펙트럼 사진을 찍고, 거기에 찍히는 검은 줄무늬를 보면 그 별에 어떤 원소가 들었는지 알아맞힐 수 있다. 천문학자들은 이 검은 줄무늬에 흡수선이라는 멋진 이름을 붙였다. 이것은 원소가 특정 파장의 광자를 흡수해서 생긴 선이라는 뜻이다. 아무래도 편식선보다는 흡수선이 더 학문적인 말이다.

스펙트럼 사진에 바코드 모양으로 찍히는 선은 발광선과 흡수선 중 하나다. 실험실에서 찍히는 밝은 선은 발광선, 즉 빛을 내는 선이다. 그리고 검게 찍히는 선은 흡수선, 즉 그 파장에 해당하는 빛이 누군가에게 먹혀 사라졌다는 것을 나타내는 선이다. 발광선이 나오든 흡수선이 나오든 나트륨 선이 나온다는 사실은 태양에 나트륨이 있다는 결정적인 증거다.

이제 지구인들은 별일을 다 할 수 있다. 지구에 가만히 앉아서 별의 거리는 물론, 별의 표면 온도와 구성 성분까지 알 수 있다. 적어도 이론적으로는 그렇다. 그러나 세상일은 마음대로 풀리지 않는 법. 별들 중에는 우리가 아는 어떤 원소와도 맞지 않는 이상한 흡수선을 만드는 것들이 있었다. 지구에는 없는 원소가 우주에 있는 것일까?

알 수 없는 흡수선의 정체를 파악하는 데 가장 큰 공을 세운 사람은 오스트리아 물리학자 크리스티안 도플러다. 도플러는 파동을 만들어 내는 물체가 움직이면 파동이 달라진다는 사실을 알아냈다. 파동이라니, 이건 별로 익숙하지 않은 단어다. 사람들은 파동이라는 단어가 나오면 왠지 모르게 많이 어려운 것 같아 미간부터 찌푸린다. 그래도 어쩌겠는가? 소리와 빛과 지진까지 따지고 보면, 거의 모든 것이 파동으로 이루어져 있다. 우리는 파동으로 둘러싸여 살고 있다고 해도 과언이 아니다. 기차가 다가올 때는 기차 소리가 더 높아지는데, 이것은 기차가 내는 음파가 가까이 오면서 쪼그라들기 때문이다. 또 내가 있는 자리를 지나간 기차 소리가 낮아지는 것은 기차가 내는 음파가 엿가락처럼 늘어지기 때문이다. 좀 더 전문적으로 말하면, 다가오는 음파는 파장이 짧아져서 높게 들리고 멀어지는 음파는 파장이 길어져서 낮게 들린다. 이것이 도플러효과다.

도플러의 이런 생각에 네덜란드 과학자 바위스 발롯은 반기를 들었다. 그는 도플러가 터무니없는 소리를 한다고 반박하며 그의 이론이 틀렸다는 것을 증명하려고 야심 찬 실험을 계획했다. 트럼펫을 부는 사람들을 기차역으로 잔뜩 데려가서 한 팀은 플랫폼에서 연주하게 하고 한 팀은 지붕이 없는 기차에 태워 그 안에서 연주하게 했다. 그리고 트럼펫 소리의 높이가 달라지는지 확실하게 판단하려고 귀가 잘 발달된 심판단까지 구성해서 역에 데려갔다. 드디어 기차가 출발했다. 처음에는 두 팀이 내는 소리의 높이가 같아서 똑같이 들렸다. 하지만 연주가들을 태운 기차가 출발해 플랫폼에서 멀어지자 트럼펫 소리가 점점 낮아졌다. 결국 두 팀의 트럼펫 연주는 신비로운 현대음악처럼 들렸다. 도플러효과가 분명히 있었다. 발롯으로서는 미치고 팔짝 뛸 노릇이었겠지만, 이 실험은 도플러효과를 확인하는 작업이 되고 말았다.

도플러효과는 소리뿐만 아니라 빛에서도 나타난다. 과속 차량을 밝혀내 교통경찰이 합법적으로 딱지를 떼도록 도와주는 속도 감시계는 도플러효과를 이용해 자동차의 속도를 알아낸다. 그러나 뭐니 뭐니 해도 가장 극적인 도플러효과를 보여 주는 것은 우주에 있는 천체다. 소리가 다가올 때 높아지고 멀어질 때

낮아진다는데, 빛은 과연 어떻게 달라질까? 음파와 마찬가지로 다가오는 빛은 파장이 짧아지고 멀어지는 빛은 파장이 길어진다는데, 그다지 실감 나지 않는다. 그래서 과학자들은 봉사 정신을 좀 더 발휘해 감각적인 표현을 쓰기로 했다.

우선 파란색과 빨간색을 비교하면, 파란색의 파장이 더 짧다. 그래서 파장이 짧아진다는 것은 파란색 쪽으로 옮겨 가는 것이라는 뜻에서 '청색편이', 파장이 길어진다는 것은 빨간색 쪽으로 옮겨 가는 것이라는 뜻에서 '적색편이'라고 부르기로 했다. 즉 빛을 내는 물체가 우리에게 가까이 오면 그 빛은 청색편이를 일으켰다고 하고, 멀어져 가면 그 빛은 적색편이를 일으켰다고 한다.

자, 그렇다면 밤하늘에 보이는 파란 별들은 모두 우리에게 달려오는 별일까? 물론 그렇지는 않다. 과학자들은 청색편이와 적색편이를 맨눈으로 판단하지 않는다. 별빛의 스펙트럼에서 흡수선이나 발광선이 파장이 짧은 쪽으로 갔는지 긴 쪽으로 갔는지를 보고 청색편이와 적색편이를 판단한다. 만약 별이 움직이지 않고 가만히 있다면 모든 흡수선이 실험실에서 찍은 것과 같은 파장에 위치할 테니까, 천문학자들은 그 흡수선이 어떤 원소에서 나왔는지를 확실히 알 수 있다. 그러나 별이 움직여 우리에게서 멀어지거나 가까이 다가오면 바로 알아보기 힘들다. 노란

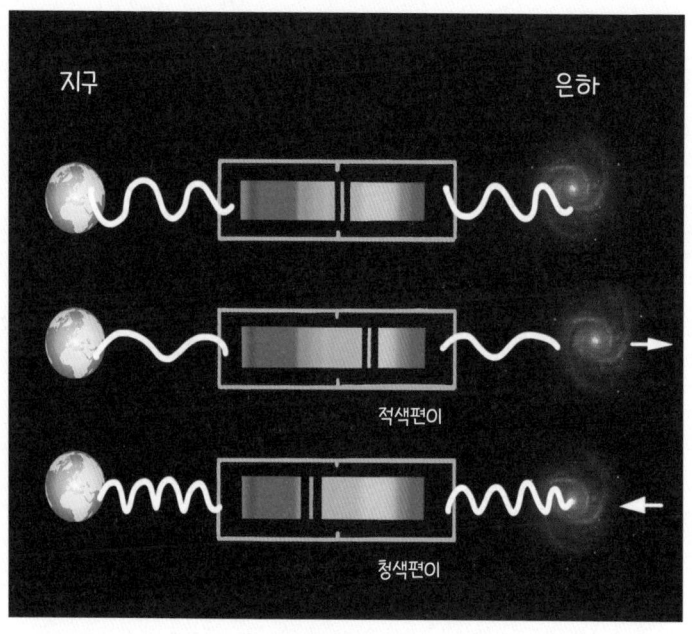

적색편이와 청색편이

멀어져 가는 천체에서 나온 흡수선은 파동을 잡아 늘리는 효과가 생겨 긴 파장, 즉 붉은색
쪽으로 이동한다. 반면에, 다가오는 천체에서 나온 흡수선은 파동이 압축되는 효과가 생겨
짧은 파장, 곧 파란색 쪽으로 이동한다. 전자가 적색편이, 후자가 청색편이이다. 여기서 적
색, 청색은 긴 파장과 짧은 파장을 비교하기 위해 쓴 말일 뿐, 멀어져 가는 천체의 흡수선이
빨간색 영역에서 보인다는 뜻은 아니다.

색에 있어야 할 흡수선이 주황색이나 빨간색 쪽으로 옮겨 가 적색편이를 일으키거나 노란색에 있어야 할 흡수선이 초록색이나 파랑색으로 자리를 옮겨 청색편이를 일으키는 경우, 말처럼 쉽게 알아볼 수는 없다.

이제 상상으로 실험해 보자. 실험실에서 나트륨의 스펙트럼 사진을 찍은 뒤 그것을 투명한 필름에 옮기고, 이 필름을 별의 스펙트럼 사진에 포개 파란색이나 붉은색 쪽으로 움직여 맞는 자리를 찾는다. 그러면 그 별이 멀어지는지 또는 다가오는지를 알 수 있다.

정체불명의 흡수선은 바로 이렇게 생긴 것이다. 우리가 모르는 원소는 없었다. 다만 자리가 조금 이동했을 뿐이다. 이로써 고대에서부터 내려오던 생각은 바뀌어야만 했다. 밤하늘에 있는 별은 옛날 사람들이 생각했던 것처럼 고정된 붙박이별이 아니었다. 별까지의 거리가 너무 멀어 별들의 움직임을 알아보기 힘들었을 뿐이다. 별들은 분명히 움직이고 있었다!

도플러효과가 분광학과 힘을 합해 천문학자들을 매료하고 있을 때 이 연구를 별이 아닌 성운에 접목한 사람이 있다. 전직 외교관인 베스토 슬라이퍼가 애리조나 사막 한가운데 있는 로웰천문대에서 지름 1m짜리 망원경으로 안드로메다 성운의 분광사진을 찍은 것이다. 1912년의 일이다. 안드로메다가 외부은하라는 것이 밝혀지기 전이었기 때문에, 여기서는 성운이라는 말을 쓴다. 안드로메다 성운은 아주 어두웠고 분광사진을 찍으려면 노출 시간을 40시간이나 주어야 했다. 낮에는 천체 사진을 찍을 수 없었기 때문에, 사진 건판을 망원경에 붙인 채 낮에는 셔터를 닫고 밤이 되면 다시 열어 안드로메다에서 오는 빛을 차곡차곡 쌓아 갔다.

앞에서 왜 천문학자들에게 별을 바라보는 것이 고된 일이라고 했는지 조금 느낄 수 있을 것이다. 그렇게 고생해서 어렵게 얻은 스펙트럼을 분석하던 슬라이퍼는 몹시 당황하고 말았다. 안드로메다 성운이 청색편이를 일으키고 있었는데, 그 속력이 상상을 초월할 정도로 빨랐기 때문이다. 스펙트럼을 분석해 보면 안드로메다 성운이 1초에 300km씩 지구 쪽으로 다가오고 있었다. 그때는 안드로메다 성운이 우리은하에 있는 줄 알았기 때문에 이렇게 빨리 지구 쪽으로 다가오면 곧 충돌할 것이 분명했다. 슬라이퍼는 자신이 관측한 결과를 믿을 수도 안 믿을 수도 없는 난처한 상황에 놓인 것이다.

그는 그 뒤로 5년 동안 다른 성운 25개를 골라 모두 분광사진을 찍었다. 물론 그가 성운이라고 생각한 것은 모두 외부은하였다. 놀랍게도 그중 21개는 적색편이를 보이고, 4개만 청색편이를 보이고 있었다. 성운 21개가 지구를 피해 멀리 날아가고 있었던 것이다. 이것은 우주의 모든 천체가 고정되어 있다는 믿음과 맞지 않았다. 만약 그것이 사실이라면, 어떤 종류의 도플러효과도 보이지 말아야 한다. 만약 도플러효과가 보여도 반은 청색편이, 반은 적색편이를 보여 평형을 이루어야 한다. 그러나 천체들은 그러지 않았다. 그 뒤에도 슬라이퍼는 20개가량의 성운을 더 관측했다. 그것들은 하나도 빠짐없이 지구로부터 달아나고 있었다. 그러나 당시에는 달아나는 성운에 관심 있는 사람이 슬라이퍼밖에 없었다.

르메트르는 분광학 수업을 들으며 천체들의 적색편이를 측정하는 방법과 해석하는 방법을 배우다가 10여 년 전인 1912년

에 베스토 슬라이퍼가 성운의 분광사진에서 적색편이를 발견하고는 어떻게 해석해야 할지 몰라 고민하고 있다는 사실을 알았다. 마침 바로 얼마 전에 허블이 안드로메다는 확실히 외부은하라는 관측 증거를 내놓은 때다. 르메트르는 슬라이퍼가 관측한 성운들은 모두 우리은하 밖에 있는 외부은하일 수밖에 없다고 생각했다. 1초에 1000km씩 멀어져 가는 성운은 우리은하 밖에 있는 천체라고 생각하는 것이 훨씬 합리적이었다. 그것들은 우리은하에 있을 수 없었다.

그건 그렇고, 우리은하 밖에 있는 천체들이 모조리 우리에게서 멀어지고 있다는 것은 정말 이상했다. 우주에 도대체 무슨 일이 벌어지고 있을까? 르메트르는 유럽에서 아인슈타인의 방정식을 풀 때 벌써 이 방정식은 팽창하는 우주를 설명한다는 인상을 받았다. 또 미국에서는 슬라이퍼의 뒤로 물러가는 외부은하들로부터 큰 영감을 얻었다. 그것은 바로 '팽창하는 우주'였다.

2년 동안 미국과 캐나다를 오가며 당시 최신 관측천문학에 대한 감각을 익히고 1925년 가을 학기에 벨기에로 돌아올 무렵, 르메트르의 머릿속에는 '팽창하는 우주'가 한가득 들어 있었다.

6

에딩턴,
르메트르의
논문을 서랍에
쑤셔 넣다

벨기에로 돌아온 르메트르는 자기만의 우주 모형을 만들어 논문을 썼다. 그 내용은 이랬다. 공 모양의 우주가 안정된 상태에 있다가 빠르게 팽창하고 어느 순간에 별과 은하가 생기기 시작했는데, 그 무렵 팽창이 멈추었다가 다시 빠르게 팽창해서 결국 물질이 없는 우주에 도달한다는 것이었다. 그것은 가만히 있는 고정된 우주가 아니라 시간에 따라 변하는 아주 역동적인 우주 모형이었다. 사실 이 논문은 아인슈타인의 우주와 드 지터의 우주를 합쳐 놓은 것과 같았다. 공 모양에 폐쇄적이고 별들이 고르게 퍼져 있는 우주는 아인슈타인의 우주 모형이고, 뒤이어 그 우주가 팽창해 결국은 물질이 없는 우주로 변해 가는 것은 드 지터의 우주 모형이었다. 르메트르는 특유의 꼼꼼함으로 1925년 드 지터의 우주 모형을 재해석하는 논문을 냈고, 드 지터의 우주가 실은 틀림없이 팽창하는 우주라는 것을 알고 있었다. 그러니 아인슈타인과 드 지터의 우주를 결합하는 일은 아주 자연스러웠다.

과거에 지구가 우주의 중심이 아니라고 외치던 사람들이 고정관념과 싸우며 목숨까지 내던진 사건들을 기억해 낸다면 우주 자체가 팽창하고 있다고 주장하는 이 논문이 당시 과학계에 던질 충격이 얼마나 컸을지 짐작할 수 있을 것이다. 물론 중세처럼 화형에 처하는 일은 없겠지만, 우주라는 공간이 저절로 커지고 있다는 이론을 지켜 나가려면 수많은 사람과 공방을 벌여야 하고 부푸는 우주를 증명할 관측 자료가 나올 때까지 버텨야 한다. 만약 모든 증거가 우주는 부풀지 않는다고 말하면 사람들의 비웃음과 멸시를 받으며 학계를 떠나야 하고, 관측 증거가 나와도 사후에 나온다면 죽은 뒤에야 업적을 인정받을 수 있다. 논란을 일으키고도 남을 논문이었다.

1927년 르메트르는 이 획기적인 내용의 논문을 아무도 읽지 않는 《브뤼셀과학협회 연보(Annals de la Société Scientifique de Bruxelles)》에 서둘러 싣고 기쁜 마음으로 복사본을 떠서 스승인

에딩턴에게 보냈다. 르메트르가 왜 물리학자나 천문학자들이 거의 읽지 않는 벨기에 학술지에 논문을 실었는지 알 수 없는데, 이것은 불행이었다. 영어나 독일어를 쓰는 대다수 과학자들은 프랑스어로 쓰인 르메트르의 논문을 읽을 수 없었다. 무엇보다 그런 논문이 있는 줄도 몰랐다. 논문은 이목을 전혀 끌지 못했고, 아무도 이 논문에 대해 왈가왈부하지 않았다. 만약 이 논문이 영어로 쓰여 《네이처(Nature)》같이 잘 알려진 매체에 실렸다면 상황은 많이 달랐을 것이다.

더 아쉬운 일은 르메트르의 스승 에딩턴이 이 논문을 읽지 않고 그냥 서랍 속에 넣은 채 잊어버렸다는 점이다. 르메트르는 스승으로부터 아무런 조언도, 동조도 얻을 수 없었다. 악플보다 무서운 것은 무플! 르메트르가 딱 그런 상황이었다. 만약 에딩턴이 이 논문을 읽고 서방 세계에 알렸다면 논쟁이 일어났겠지만, 최소한 무관심 때문에 외롭지는 않았을 것이다. 그는 너무나 고요한 주변 반응을 기도로 이겨 냈는지도 모른다.

르메트르는 1927년 10월 아인슈타인을 만나기 위해 솔베이 회의에 갔다. 벨기에에서 열리는 솔베이 회의는 물리학에 관심 있는 사람이라면 여러 번 들었을 전설적인 물리학회다. 가끔 솔베이가 벨기에 어느 지역에 있느냐는 질문을 받는데, 솔베이는 1863년 어니스트 솔베이가 창립한 화학 회사다. 솔베이는 세계

5대 화학 회사 중 하나로 울산에도 공장이 있다. 1911년 솔베이가 세계적으로 이름난 물리학자들을 초청해 물리학회를 열었다. 브뤼셀에서 열린 이 회의에는 아인슈타인·마리 퀴리·플랑크·러더퍼드·로렌츠 등 과학 교과서에 나오는 인물들이 죄다 모여 열띤 토론을 벌였고, 이것이 성공하자 솔베이는 '물리학과 화학을 위한 국제 솔베이 기구'를 설립한 뒤 3년에 한 번씩 물리학회를 열었다. 모든 물리학 교양서에 빠짐없이 등장하는 1927년 솔베이 회의는 다섯 번째로 열린 물리학회로 역시 벨기에 브뤼셀에서 열렸고, 그 회의에는 아인슈타인과 마리 퀴리는 물론이고 슈뢰딩거·파울리·하이젠베르크·디랙·콤프턴·보어 등 양자역학을 이야기할 때 절대 빠질 수 없는 인물들이 모두 참석했다.

르메트르는 지인을 통해 우주의 팽창을 주장한 자신의 논문을 아인슈타인이 미리 볼 수 있게 해 달라고 부탁한 뒤 회의장 밖에서 기다렸다. 아인슈타인은 르메트르가 팽창하는 우주모형에 대해 자신과 이야기를 나누고 싶어서 회의장 밖에서 기다린다는 것을 알고 있었다. 그러나 당시 아인슈타인은 회의장에서 불확정성의 원리를 두고 하이젠베르크와 난상 토론을 벌인 뒤라 팽창하는 우주를 논하고 싶지 않았다. 게다가 그는 프리드만의 팽창하는 우주를 가혹하게 내친 사람이 아닌가. 두 사람이 레오폴드공원을 걸으며 무슨 이야기를 나누었는지 소상히 알기는 어렵지만 르메트르도 좋은 평가를 받지 못한 것은 분명하다. 아인슈타인은 회의장 안에서는 젊은 물리학자의 양자역학을 거부하고 회의장 밖에서는 젊은 물리학자의 팽창하는 우주론을 거부했다.

물리학계에 변혁을 몰고 온 아인슈타인이었지만 그도 옛사람이 되어 가고 있었다. 아인슈타인은 자신이 만든 일반상대성 이론이 팽창하는 우주를 가리키고 있는데도 우주상수를 집어넣어 우주를 억지로 고정했고, 그 뒤에도 정적인 우주 모형을 팽창하는 우주 모형으로 바꿀 수 있는 기회가 두 번이나 있었지만 스스로 걷어차 버렸다. 아인슈타인에게 프리드만과 르메트르는 새로운 기회였다. 그러나 아인슈타인은 그것을 알아보지 못했다. 정적인 우주를 깬다는 것은 그만큼 어려운 일이었다. 위대한 물리학자 아인슈타인은 젊은이들의 우주론을 따라가지 못하고 있었다.

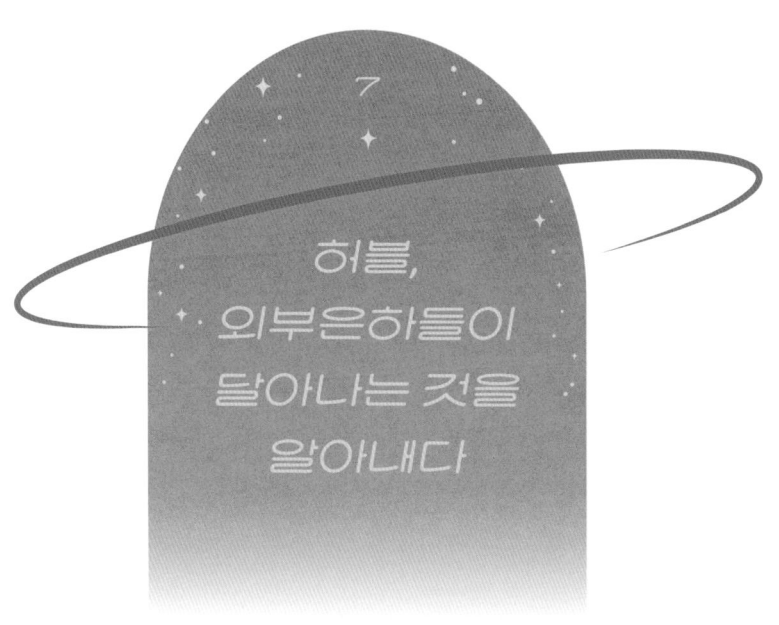

7

허블,
외부은하들이
달아나는 것을
알아내다

1927년 솔베이 회의장 밖에서 아인슈타인이 르메트르에게 이렇게 말했다고 알려져 있다.

"당신의 수학적 계산은 아주 정확하지만 당신의 물리학은 지겹습니다."

이 말은 르메트르의 팽창하는 우주를 인정하지 않는다는 뜻이다. 아인슈타인의 인정을 받지 못하면 게임은 끝이다. 그러나 게임이 끝나지 않았다. 2년 뒤인 1929년 우주가 팽창하고 있다는 증거가 나온 것이다. 그 증거를 들고 나온 사람은 1923년 논문 하나로 대논쟁에 종지부를 찍은 인기 천문학자 허블이다.

그사이 허블은 할리우드 배우 뺨치는 인기를 누리고 있었다. 백만장자의 딸과 결혼했고, 배우, 예술가 들과 어울려 지내며 사교계에서 유명한 인물이 되어 있었다. 허블은 그리스 조각상 같은 얼굴에 떡 벌어진 어깨, 훤칠한 키와 뛰어난 언변 덕분에 어딜 가나 눈에 띄었고 사교성도 좋았다. 그는 사색을 즐기는 과학자 유형은 절대 아니었다. 그러나 허블은 천문학자로서 성공하기 위해 해야 할 일도 잘 알고 있었다. 특히 아무도 토를 달수 없는 완벽한 관측 결과를 내는 데 관심이 있었다. 그런 관측은 혼자 할 수 없었다. 요즘은 성능 좋은 모터와 빠른 컴퓨터가 망원경을 완벽하게 제어해 주지만, 1920년대에 그런 장치가 있을 리 없다. 지름이 2.5m인 큰 렌즈를 거대한 철골이 버티고 있는 망원경을 자유자재로 다루기란 쉽지 않았다. 허블은 노련한 동반자가 필요했고, 그런 일에는 윌슨산천문대 수위였던 밀턴 휴메이슨이 적임자였다.

윌슨산 꼭대기까지 이어진 꼬불거리는 산길을 올라 천문대까지 짐을 나르려면 노새가 꼭 필요했고, 노새의 지능이 사람과 같지 않기에 이 동물을 모는 사람이 필요했다. 휴메이슨은 윌슨산에서 노새를 몰던 사람이다. 그는 노새 몰이꾼에서 수위로, 수위에서 사진부 보조로 승진했다. 휴메이슨은 오랫동안 사진을 찍을 때도 타고난 집중력과 손끝 감각으로 천체가 사진 건판 중

앙에서 움직이지 않도록 조종했다. 요즘은 이런 보정 작업을 컴퓨터로 하지만 그때는 모든 것을 사람이 해야 했다. 휴메이슨은 애니메이션에 나오는 인물처럼 그 커다란 망원경과 합체된 상태에서 감각으로 망원경을 다루었다. 때로는 엄청난 장비를 어깨로 밀어 고정한 채 작업을 하기도 했다. 겨울에 기온이 영하로 내려가면 망원경은 거대한 냉동 철 기둥과 같았다. 손이 쩍쩍 달라붙고 접안경에 눈을 바싹 대다가 속눈썹이 붙어 버리기도 했다. 당시 관측은 예민한 감각과 튼튼한 체력이라는 상반된 능력을 두루 갖춘 사람만이 할 수 있는 일이었다. 휴메이슨은 모든 조건을 갖춘 사람이었다. 윌슨산천문대에는 허블과 휴메이슨이 다른 사람들과 찍은 사진이 있는데, 두 사람의 키와 체격이 다른 사람보다 훨씬 건장하다는 것을 확인할 수 있다.

대논쟁에 종지부를 찍은 뒤 허블의 목표는 슬라이퍼의 물러나는 외부은하들을 관측하는 것이었다. 1925년 르메트르는 팽창하는 우주에 대한 관측 증거가 필요하다고 생각했고, 그 증거를 수집하기 위해 슬라이퍼와 함께 허블을 찾아갔다. 그 만남에서 허블은 슬라이퍼가 말한 물러나는 외부은하들이 아주 흥미로운 관측 주제가 될 수 있다는 것을 알았다. 다행히 허블은 슬라이퍼보다 훨씬 좋은 환경에서 관측할 수 있었다. 도와줄 조수가 있고, 무엇보다 지구에서 가장 큰 망원경이 있었다. 슬라이퍼는 안드로메다은하의 분광사진을 한 장 얻기 위해 몇 날 밤을 새워야 했지만, 허블의 장비들을 쓰면 몇 시간 만에 구할 수 있었다. 허블은 차근차근 관측을 준비해 갔다. 이렇게 준비하는 동안 벨기에의 신부 르메트르는 미국 유학을 마치고 벨기에로 돌아가 우주 팽창을 설명한 논문을 쓴 뒤 아무도 읽지 않는 학술지에 실었다.

허블과 휴메이슨의 관측은 착착 진행되었다. 허블은 외부은하에 있는 세페이드변광성을 이용해 외부은하까지의 상대적인 거리를 측정하고, 외부은하의 적색편이 정도를 세밀하게 측정했다. 외부은하 46개에 대한 관측이 마무리되었다. 그래서 가로축은 외부은하까지의 거리, 세로축은 외부은하의 적색편이에서 계산한 멀어지는 속도로 놓고 외부은하들이 어디에 놓이는지 점을 찍었다. 그 결과는 놀라웠다. 허블의 눈에는 외부은하들이 아무렇게나 우리에게서 멀어지는 것이 아니라 어떤 규칙이 있는 것으로 보였다. 어떤 은하가 다른 은하보다 2배 멀리 있다면 멀어지는 속도도 2배 빨랐고, 3배 멀리 있는 외부은하는 멀어지는 속도도 3배 빨랐다. 외부은하의 거리와 멀어지는 속도에 수학적인 규칙이 있었던 것이다. 이것은 중학교 수학 시간에 배우는 간단한 직선 방정식으로 표현할 수 있었고, 이 관계식에는 허블의 법칙이라는 이름이 붙었다. 아울러, 이 직선의 기울기는 허블상수라고 부른다.

외부은하들이 멀어지고 있었다. 멀리 있는 것은 더 빨리 달아나고 있었다. 우주는 분명히 팽창하고 있다!

허블은 외부은하들이 왜 지구로부터 달아나는지에 대해서는 전혀 관심이 없었다. 그런 것까지는 몰라도 상관없었다. 외부은하들이 빠른 속도로 멀어져 간다는 것 자체가 충격이었기 때문에 왜 그런 일이 일어나는지는 아무도 묻지 않았고 알고 싶어 하지도 않았다. 지구인들은 우리은하 밖에 은하들이 있다는 사실을 받아들이는 것도 버거웠다. 우주에 관한 새 지식이 사람들에게 체화되기도 전에 벌어진 일이라 체하는 것은 당연했다.

그러나 우리은하 밖에 있는 은하들이 멀어져 가고 있다는 사실을 인지하기 시작하면서 우주의 시작을 상상하는 것은 그리 어렵지 않았다. 지금 마구 멀어져 가는 외부은하들을 다시 모이게 하려면 시간을 거꾸로 돌리기만 하면 되었다. 이 놀라운 내용은 〈은하-외부 성운들의 거리와 시선속도 사이의 관계에 대하여(A Relation between DISTANCE and RADIAL VELOCITY among EXTRA-GALACTIC NEBULAE)〉라는 제목을 달고 1929년 논문으로 나왔다. 관측자가 있는 지구 쪽으로 천체가 가까워지거나 멀어지는 속도인 시선속도를 통해 우주에 관한 중요한 지식을 얻은 것이다.

그 뒤 2년 동안 허블과 휴메이슨은 더욱 멀리 있는 외부은하의 시선속도를 관측해 허블의 법칙을 보완했다. 먼 거리에 있

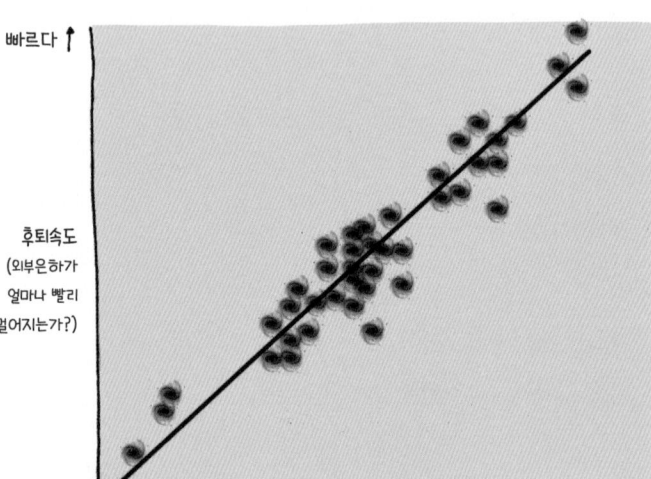

빠르다 ↑

후퇴속도
(외부은하가
얼마나 빨리
멀어지는가?)

지구로부터의 거리

멀다 →

허블의 법칙

허블은 멀리 있는 외부은하일수록 더욱 빨리 우리에게서 멀어져 간다는 사실을 발견하고 1929년 한 축은 외부은하와의 거리, 한 축은 은하의 시선속도를 나타내는 그래프를 그렸다. 그가 보기에는 외부은하의 거리와 시선속도 사이에 확실한 관계가 있는 것 같았다. 그러나 정확한 관측을 하기로 유명한 허블은 2년간 더욱 정밀한 관측 시스템을 구축하고 더 멀리 있는 외부은하를 관측해 1931년에는 더 깔끔한 관계식이 보이는 그래프를 그렸다. 이제 멀리 있는 외부은하일수록 더욱 빨리 달아난다는 사실을 믿지 않을 사람은 없다.

는 외부은하를 그래프에 넣자 허블의 법칙은 더욱 확실하게 증명되었다. 시선속도와 거리의 관계가 깔끔한 직선으로 떨어졌다. 이제 그 기울기에 해당하는 허블상수만 제대로 구하면 우주의 나이를 구할 수도 있다. 가장 멀리 떨어져 있는 외부은하까지의 거리를 재고, 지금 우주가 팽창하고 있는 속도대로 우리에게 다가오도록 상상할 수 있다. 그러려면 시간이 얼마나 걸릴까? 그 시간은 원래 작은 구역에 모여 있던 은하들이 지금 있는 그 자리로 간 시간과 일치한다고 보아도 무방할 것이다. 그것이 바로 우주의 나이다. 1931년 논문에서 허블이 발표한 허블상수는 558km/초/Mpc이었다. 1Mpc(메가파섹)은 300만 광년에 해당하니까 허블상수를 말로 풀면, 외부은하들은 300만 광년 멀어질 때마다 초속 558킬로미터씩 빨리 달아나고 있다는 뜻이다. 허블상수는 지금까지 수정을 거듭해 오늘날에는 70km/초/Mpc으로 거의 굳어져 있다.

르메트르도 1927년에 발표한 논문에서 제목에 '은하-외부 성운'이라는 말을 썼고 우주가 팽창함에 따라 성운들은 초속 625km로 후퇴할 것이라고 주장했다. 안타까운 점이 있다면 아무도 그 논문을 보지 않았다는 것! 만약 르메트르의 논문이 일찍 논란의 도마 위에 올랐다면, 허블상수는 르메트르상수로 불리고 허블의 법칙은 르메트르의 법칙이 되었을지도 모른다.

8

우주의 시작,
어제가 없는
오늘

허블은 1929년과 1931년에 발표한 두 논문으로 관측천문
학에서 아무도 따라가지 못할 업적을 세웠다. 그러나 과학자들
중에는 허블의 관측 결과를 받아들이지 못하는 사람들이 많았
다. 그중에는 외부은하가 적색편이를 보이는 관측 결과를 아주
창의적으로 해석하는 사람도 있었다. 그는 물리학자들 사이에서
괴짜로 불리는 프리츠 츠비키였다.

츠비키는 외부은하들의 빛이 적색으로 기울어진 것은 '빛
이 피곤하기 때문'이라고 해석했다. 안드로메다은하처럼 커다란
은하에서 빛이 나오려면 은하의 중력을 이겨 내야 한다. 이것은

북적이는 시장통을 빠져나오려면 힘이 많이 드는 것과 비슷하다. 빛이 외부은하의 커다란 중력을 빠져나오려면 힘이 많이 드는데, 빛의 속도는 줄어들지 않으니 파장이 늘어나 에너지가 줄어들 수밖에 없다. 그래서 빛이 붉은색 쪽으로 이동했다는 것이다. 츠비키의 이론은 말 그대로 '피곤한 빛 이론'으로 불렸다. 그의 이론이 아주 틀린 것은 아니었다. 중력이 빛을 잡아 늘려 적색편이를 일으키기도 하기 때문이다. 그러나 그 정도가 너무나 미약해, 외부은하에서 오는 빛이 은하의 중력 때문에 적색편이가 일어났다고 볼 수는 없었다. 사람들은 츠비키의 이론에 별 관심을 두지 않았다.

외부은하가 달아나고 있다는 것은 관측으로 증명된 확실한 사실이었는데도 츠비키처럼 우주가 팽창하고 있다는 사실을 받아들이지 않는 사람들이 많았다. 우주가 지금 팽창하고 있다면 먼 옛날 우주의 시작이 있다는 뜻이고, 그 시작은 창조를 떠올리게 했다. 과학자들은 팽창을 받아들이고 싶지 않고 우주의 창조는 더더욱 거부하고 싶었다. 그러나 우주의 팽창은 벌써 관측으로 증명되었다. 과학자들에게는 보이는 것이 믿는 것이다. 대세는 팽창하는 우주로 기울 수밖에 없었다.

1929년 허블의 논문이 발표되자, 유럽의 이론가들은 아인슈타인과 드 지터의 우주 모형을 수정해야만 했다. 둘 다 절대 움직이지 않는 정적인 우주 모형이었는데, 이것은 외부은하들이 멀어지고 있다는 관측 결과와 맞지 않았다. 관측 결과와 맞지 않는 이론은 관측 결과에 맞도록 수정해야 하고, 그것이 불가능하면 폐기 처분해야만 한다. 우주론에 관심이 많던 에딩턴은 아인슈타인과 드 지터의 우주 모형을 살리기 위해 1930년 영국왕립학회 회의에서 유명한 말을 했다.

"자, 아인슈타인의 우주를 살짝 움직이거나 드 지터의 우주에 물질을 조금 넣어 볼까요?"

이는 움직이는 우주를 표현한 일반상대성이론에 우주상수를 넣어 팽창하지 못하도록 한 아인슈타인의 우주 모형과 별이 하나도 없는 비정상적인 드 지터의 우주 모형을 보완해야 한다는 것을 익살스럽게 말한 것이다. 지구에서 가장 머리 좋은 사람들이 만든 우주 모형을 관측 사실과 맞추려면 그렇게 하는 수밖에 없었다.

벨기에에 있던 르메트르는 영국왕립학회가 열린 지 몇 달 뒤에야 그런 회의가 있었다는 사실을 알았다. 뒤늦게 왕립학회 회의록을 접한 르메트르는 에딩턴이 3년 전 자신이 보낸 논문을 읽지 않았다는 사실을 알아차렸다. 그 논문에는 아인슈타인과 드 지터의 우주 모형을 근사하게 결합한 새로운 우주 모형이 있었기 때문에, 에딩턴이 르메트르의 논문을 읽었다면 왕립학회

회의에서 그 논문을 발표했을 것이다. 그러나 에딩턴은 그러지 않았다. 르메트르의 논문을 몰랐던 것이다. 르메트르는 1927년에 자신이 쓴 논문의 사본을 서둘러 에딩턴에게 보냈다.

논문을 받아 든 에딩턴은 자신이 큰 실수를 저질렀음을 깨달았다. 우주의 팽창을 예견한 우주 모형은 벨기에 말로 쓰여 벌써 이 세상에 나와 있었고 허블은 그 뒤에 그 이론을 관측으로 확인해 준 것이다. 에딩턴은 즉시 르메트르의 논문에 대해 알려야겠다고 생각해 《네이처》에 편지를 썼다. 그 편지는 1930년

6월 7일 자 《네이처》에 실렸고 비로소 르메트르의 우주 모형이 사람들에게 알려졌다.

과학계에서 처음으로 논문이 공식적인 학술지에 올라가는 것은 무척 중요한 의미가 있다. 세상은 가장 먼저 발견한 사람, 가장 먼저 이론을 만든 사람, 가장 먼저 실험에 성공한 사람만 기억한다. 그래서 과학자들 사이에서는 논문의 출판을 두고 눈치 싸움이 벌어지기도 하고 경쟁 팀의 실험이 어느 정도 진행되었는지를 알기 위해 스파이를 심기도 한다. 아마 르메트르는 누구보다 먼저 팽창하는 우주 모형을 논문으로 내기 위해, 기다리는 시간 없이 빨리 논문을 낼 수 있는 벨기에의 학회지를 선택했을지도 모른다. 그러나 그것은 그리 현명하지 못했다. 빨리 내는 것만큼 많은 사람이 보게 하는 것도 중요한데, 신부님은 그것을 고려하지 않았던 것이다.

결국 팽창하는 우주에 관해서라면 그것을 먼저 생각한 사람보다 먼저 관측한 사람에게 명예가 돌아갔다!

에딩턴은 르메트르의 논문을 영어로 번역해 〈왕립천문학회 월보(MNRAS)〉에 올렸다. 팽창하는 우주가 관측으로 확인되었을 뿐 아니라 그것을 설명하는 수학적인 방법까지 담겨 있었다. 이로써 우주론의 중심은 아인슈타인이나 드 지터가 아닌 르메트르에게로 옮겨 갔다.

우주가 팽창하고 있다는 사실에 가장 충격을 받은 사람은 아인슈타인이다. 그는 우주를 붙들어 두기 위해 우겨 넣은 우주 상수를 방정식에서 걷어 낼 수밖에 없었다. 1931년 초 아인슈타인은 대서양을 건너 후커 망원경이 있는 윌슨산천문대에 도착했다. 외부은하들이 멀어져 가고 있다는 사실을 관측한 허블이 아인슈타인 부부를 윌슨산천문대로 초청한 것이다. 아인슈타인은 거대한 망원경을 보고 깊은 인상을 받았을 것이다.

그의 부인 엘자는 자기 남편은 우주를 이해하는 데 이렇게 큰 쇳덩어리는 필요 없고 오로지 연필과 끄적거릴 편지 봉투만 있으면 된다고 말하며 자존심을 지키려고 애를 썼다. 하지만 아인슈타인은 그 거대한 쇳덩어리를 보면서 자신이 물러서야 할 때가 되었다는 것을 느꼈다. 그 망원경이, 자신의 머릿속에서 만들어 낸 정적인 우주 모형은 틀렸다고 말했기 때문이다. 아인슈타인은 허블의 논문을 읽은 상태였고 천문대에서 관측 자료들을 두 눈으로 확인했다. 그는 이제 고정된 우주에 대한 집착을 놓을 때가 온 것을 알았다.

1931년 2월 3일 아인슈타인은 윌슨산천문대에 모인 기자들에게 과학사에 남을 말을 했다. 그는 허블의 관측 기록을 받아들일 것이라고 했으며, 자신의 정적인 우주 모형은 틀리고 프리드만과 르메트르의 팽창하는 우주 모형이 합당하다는 것을 밝혔다. 아울러, 자신이 우주를 꼼짝 못하게 하려고 우주상수를 추가한 것은 일생일대의 실수였다고 했다. 물론 먼 훗날 우주상수는 다시 나타나 활약한다. 하지만 당시 아인슈타인은 우주상수를 방정식에서 뜯어내 바닥에 내동댕이쳤다.

이 기자회견으로 르메트르는 단번에 스타가 되었다. 세상에서 가장 똑똑한 아인슈타인이 자신은 틀렸고 르메트르는 옳다고 선언했기 때문이다. 게다가 그는 특이하게도 과학자이자 신부였다. 여기저기서 강연 요청이 들어왔고 각종 상을 받았다. 르메트르는 이런 인기를 몹시 즐기며 자신의 팽창 우주 모형을 더욱 견고하게 손질해 갔다.

당시 물리학계는 격동의 시기라고 볼 수 있을 만큼 눈부신 업적들이 쏟아져 나오고 있었다. 1919년에 양성자가 발견된 데이어 1932년에는 중성자가 발견되었고, 방사선에 관한 연구와 양자역학이 자리를 잡고 있었다. 인간의 눈과 귀와 뇌는 바쁘게 돌아가야만 했다. 우주의 크기는 하루가 다르게 커져 기록을 고쳐 썼는데, 이와 반대로 물질은 쪼개지고 또 쪼개져 만지거나 볼 수 없는 작은 입자가 있다고 과학자들은 말했다. 보통 사람들은 물론이고 과학자들조차 이런 인식의 확장을 따라가기는 힘들었다. 이런 세계는 오감으로 느낄 수가 없기 때문이다. 30대 중반의 나이에 들어선 르메트르는 이런 물리학계의 연구 성과에 큰 관심을 가지면서 물리학 이론과 우주론을 결합할 궁리를 하고 있었다.

르메트르는 계산을 통해 아인슈타인의 정적이고 둥근 우주가 가만히 있다가 갑자기 팽창하는 상황을 만드는 것은 불가능하다는 사실을 알게 되었다. 아인슈타인의 우주 모형은 끝없는 과거로부터 미래까지 변하지 않고 그대로 있어야만 하는 우주였다. 그러나 팽창을 하려면 어떤 식으로든 시작이 있어야 했다. 우주가 팽창하고 있다는 것은 허블의 관측으로 멋지게 증명되었다. 그러니 시간을 거꾸로 돌리면 외부은하들은 다시 서로 가까이 모여야만 한다. 결국 외부은하들은 좁은 구역에 모일 것이다. 그리고 그것이 이 우주의 시작점이 될 것이다. 르메트르는 상상을 초월할 정도로 압축된 양자 하나로부터 우주가 시작되었다고 생각하고, 이 최초의 양자를 '원시 원자'라고 불렀다.

그는 태양계 크기만 한 원시 원자가 언제부터 존재했는지는 알 수 없지만, 원시 원자의 평형 상태가 깨지자 그때부터 방사성원소가 붕괴하듯이 분열을 거듭했고 그때마다 물질이 늘어나고 공간도 같이 커져서 오늘날 우주의 모습을 갖추게 되었다고 생각했다. 그리고 원시 원자의 평형이 깨진 순간부터 이 우주가 시작되었다고 보았다. 성질이 균질한 덩어리 하나가 팽창하면서 공간과 시간을 만들어 냈다는 생각을 처음 한 것이다. 이것은 무한한 공간이 원래 있고 그 가운데 원시 원자가 있어서 그것들이 분열할 때마다 물질이 퍼지는 것과는 아주 다른 개념이다. 공간과 시간은 모두 원시 원자가 불안해지면서 시작되었다. 그 전에는 공간도 시간도 존재하지 않았다. 그는 훗날 논문집《원시 원자(The Primeval Atom)》에서 이런 우주의 시작점을 '과거가 없는 지금'이라고 표현했고,《네이처》는 이 말을 '어제가 없는 오늘'로 번역해 실었다.

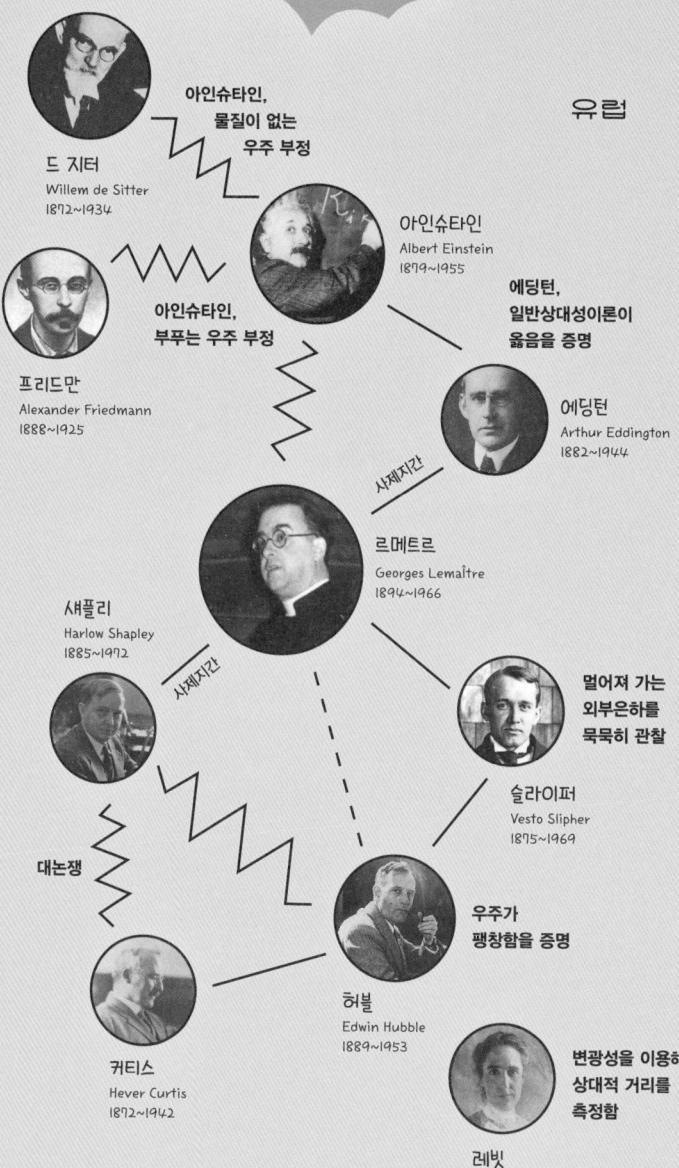

1G 우주론 계보도

유럽

드 지터
Willem de Sitter
1872~1934

아인슈타인, 물질이 없는 우주 부정

아인슈타인
Albert Einstein
1879~1955

에딩턴, 일반상대성이론이 옳음을 증명

프리드만
Alexander Friedmann
1888~1925

아인슈타인, 부푸는 우주 부정

에딩턴
Arthur Eddington
1882~1944

사제지간

르메트르
Georges Lemaître
1894~1966

샤플리
Harlow Shapley
1885~1972

사제지간

멀어져 가는 외부은하를 묵묵히 관찰

슬라이퍼
Vesto Slipher
1875~1969

대논쟁

우주가 팽창함을 증명

미국

허블
Edwin Hubble
1889~1953

커티스
Hever Curtis
1872~1942

변광성을 이용해 상대적 거리를 측정함

레빗
Henrietta Leavitt
1868~1921

2G

역동적으로 진화하는
우주 모형 vs.
정상 우주 모형

이제 우주가 팽창하고 있다는 것은 관측이 뒷받침하는 사실이 되었다. 그러나 지구인들은 두 패로 나뉘었다. 아주 옛날에는 우주가 몹시 작았고 무슨 이유에서인지 팽창하기 시작해 아직도 계속 부풀고 있다고 주장하는 사람들과 우주가 팽창하는 것은 맞지만 갑자기 창조된 것은 아니라고 주장하는 사람들이었다. 이렇게 가모브와 호일은 역동적으로 진화하는 우주론과 정상우주론을 놓고 격돌하고 있었다.

그러던 중에 가모브의 제자였던 앨퍼와 허먼이 우주가 갑작스러운 폭발과 팽창 때문에 지금과 같은 모습이 된 것이 분명하다는 이론을 내놓으면서 우주배경복사를 예언했고, 호일은 우주를 이루고 있는 무거운 원소들의 기원을 밝혔다. 또 호일은 본의 아니게 경쟁자인 가모브의 이론에 '빅뱅 이론'이라는 멋진 이름을 붙여 주었다.

20세기 중반 크게 관심받지 못한 우주론을 다루던 과학자들 사이에서 무슨 일이 벌어졌을까.

9

페인,
태양의 주성분을
밝히다

우주의 시작에 관한 연구가 다음 세대 과학자들 쪽으로 슬슬 이동하고 있었다. 사람들은 여전히 우주론에 큰 관심이 없고 극소수 과학자들만 우주론에 관심을 가지고 있었다. 그중 단연 눈에 띄는 사람은 가모브였다.

조지 가모브는 1904년 우크라이나 오데사에서 태어났다. 가모브는 오데사 노보로시아대학에서 물리학을 공부할 때부터 젊고 능력 있는 원자핵 물리학자로 인정받고 있었다. 그러나 뛰어난 물리 실력과 달리 수학과 계산 실력은 형편없어서 조롱 섞인 비난을 듣기도 했다. 가모브가 수학에 타고난 능력이 있었는지는 알 수 없지만, 그의 자서전에는 대학 시절 자신에게 수학을 가르친 교수 탓에 수학에 대한 관심이 없어졌다고 한 대목이 있다. 어느 날 수학 시간에 교수의 계산이 틀려서 그것을 지적했더니, 정확한 계산은 은행원들에게나 필요한 능력이지 고등수학자에게는 필요 없다고 했다는 것이다.

별난 수학 교수 때문인지 아닌지는 몰라도 가모브는 계산뿐 아니라 아주 간단한 적분까지 다른 사람의 도움을 받아야 할 처지였다. 그래서 교수가 된 뒤에도 수학 실력이 뛰어난 학생을 골라서 뽑았다. 1923년, 그러니까 르메트르가 벨기에를 떠나 영국 케임브리지에서 에딩턴의 학생이 되던 해 가모브는 오데사를 떠나 상트페테르부르크로 갔다. 그곳에는 팽창하는 우주를 부르짖던 프리드만이 있었다. 가모브는 역동하는 우주에 대한 개념을 프리드만에게서 직접 배우는 행운을 얻을 수 있었다. 그로부터 몇 년 뒤 프리드만이 건강 악화로 사망한 것을 생각하면, 가모브가 프리드만의 우주론을 계승한 유일한 제자라고 보아도 된다.

프리드만에게 우주론을 배운 것과 핵물리학자 경력이 합해져 훗날 가모브와 그의 제자 앨퍼는 우주론의 역사에 큰 족적을 남긴다. 지금까지 우리는 르메트르가 우주의 시작점인 원시 원자를 생각해 내기까지 어떤 노력을 했는지, 그 발자취를 참을성 있게 따라왔다. 이제부터는 가모브가 원시 원자에 핵물리학이라는 옷을 입히는 과정을 따라가 볼 것이다.

가모브와 앨퍼가 한 일을 이해하려면, 당시 천문학계의 상황이 어땠는지를 알아야 한다.

1923년 미국 하버드에서는 영국 과학자 세실리아 페인이 여성을 비하하는 인습을 고수하는 과학계에서 태양 스펙트럼 사진을 가지고 고군분투하고 있었다. 사실 페인은 영국의 케임브리지에서 과학을 공부하고 대학원 과정에 들어가고 싶었는데, 대학에서 여성을 받아들여 본 적이 없다며 입학을 거절했다. 결국 페인은 여성을 받아 주는 미국 하버드로 유학을 떠날 수밖에 없었다. 만약 케임브리지가 페인을 받아들였다면 르메트르와 페인은 한 번쯤 만날 기회가 있었을지도 모른다.

하버드에서 페인은 태양의 스펙트럼 사진을 분석하는 일에 매달렸다. 태양을 구성하는 원소의 정체를 밝히고 싶었기 때문이다. 원론적으로 보자면, 당시에는 주기율표에 있는 원소들의 스펙트럼을 다 알고 있어서 태양의 스펙트럼을 원소의 표준 스펙트럼과 비교하면 태양이 무엇으로 이루어져 있는지 정확히 알 수 있었다. 너무 간단해 보이지 않는가? 이상한 것은 그 전에는 아무도 이런 생각을 하지 않았다는 것이다. 원래 과학은 복잡한 현상을 가장 간단하게 설명하는 것이 핵심이다. 그래서 다 해

놓고 보면 결과가 아주 쉬워 보인다. 사람들은 내가 왜 그 생각을 못했을까 하고 땅을 치며 분해하지만, 벌써 누군가가 일을 다 마친 뒤다. 태양의 구성 성분을 밝히려고 한 그녀의 생각이 왜 진보적인 것인지 이해하려면 당시 사람들이 태양에 대해 어떤 생각을 가지고 있었는지 알아야 한다.

당시 사람들은 태양의 구성 물질에 대해 기원전 5세기 수준의 지식만 가지고 있었다. 아테네에 살던 그리스의 철학자 아낙사고라스는 하늘에서 떨어진 운석을 보고 그것이 태양에서 떨어졌다고 여겼다. 불이 붙은 채 떨어진 운석의 뜨거움이 바로 가시지 않았기 때문이다. 하늘에 그만한 열을 내는 것은 태양밖에 없었다. 운석이 식은 뒤 조사해 보니, 주로 철로 이루어져 있었다. 그래서 아낙사고라스는 태양의 주성분이 암석과 철이라고 주장했다. 기원전 5세기에는 태양만 한 철 덩어리에 대해 아무런 이론적 예측이나 실험을 할 수 없었기 때문에 그의 주장은 그대로 정설이 되었다. 그것이 사실이 아니더라도 아니라는 증거를 댈 수도 없었다. 게다가 아낙사고라스의 주장은 당시 사람들이 겪어 본 사실과 잘 맞았다. 철로 만들어진 태양에 대한 생각은 결국 2500년 동안 사람들의 머릿속에 각인되었다.

태양이 불타는 쇠라는 사실을 의심하기 시작한 것은 놀랍게도 20세기 초에 이르러서다. 원소에 대한 지식이 쌓이면서 태

2G 역동적으로 진화하는 우주 모형 vs. 정상 우주 모형

105

양이 철로 이루어지기란 사실상 불가능하다는 결론에 이르렀다. 철은 가장 안정한 원소라서 쇠태양에서 빛과 열이 나오기를 바란다면 열심히 에너지를 퍼 날라야 하는 것이다. 빛과 열이 나오기는커녕 에너지를 빼앗아 가는 태양이라니, 이것은 누가 보아도 경험과 맞지 않았다.

마리 퀴리가 방사성원소를 발견한 이래 과학자들은 태양의 에너지 원천이 방사성원소가 아닐까 하고 생각했다. 철로 이루어진 태양보다는 동위원소가 빛을 내는 태양이 확실히 그럴듯하게 들렸다. 진짜 그런지 아닌지를 알아내는 것은 관측에 달려 있었다. 1920년대에는 분광 기술이 상당히 발달했고 태양의 스펙트럼 사진도 있었다. 무엇보다 중요한 것은, 그 사진을 분석해 태양의 성분을 밝히고 싶어 하는 젊은 여성 과학자가 있었다는 사실이다.

세실리아 페인은 2500년 동안 사람들이 믿고 있던 철로 만든 태양에 대한 믿음을 깨기 일보 직전에 서 있었다. 그렇지만 그 과정은 녹록하지 않았다. 진보적일 것 같은 과학계는 너무나 보수적인 남자들이 장악하고 있었다. 그 남자 과학자들은, 의심스럽기는 해도 태양의 주성분이 철인 것은 틀림없는 사실이라고 우기고 있었다. 그들이 그렇게 주장하는 데는 나름의 이유가 있었다. 태양은 지구와 가장 가까이 있는 별이라 빛이 무척 풍부해서 태양의 스펙트럼 사진에는 엄청나게 많은 바코드 모양의 흡수선이 나왔다. 문제는 흡수선이 너무 많아 어느 것이 어떤 원소에 해당하는지 가려내기가 쉽지 않았다는 점이었다. 어떤 경우든 지나침은 없는 것만 못하다고 하지 않는가.

만약 사람들에게 태양이 철로 이루어졌다는 믿음이 없었다면, 수많은 흡수선을 다른 방식으로 보려고 노력했을지도 모른다. 하지만 사람들은 이미 알고 있는 사실에서 벗어나 있는 그대로 흡수선을 보지 못했다. 설상가상으로 태양의 흡수선은 철의 흡수선과 너무나도 흡사했다. 결국 20세기의 첨단 장비인 분광기가 기원전 5세기의 이론이 맞다고 증명한 꼴이 되고 말았다.

이렇게 모든 사람이 철의 흡수선이라고 주장하는 것에 의심을 품은 사람이 바로 세실리아 페인이다. 다방면에 관심이 많고 무엇이든 독창적으로 해석했던 페인은 태양의 스펙트럼을 다른 방식으로 바라보았다. 잘 알려진 철의 흡수선은 철저히 무시했다. 그리고 어떤 편견도 없이 흡수선을 보고 또 봤다. 그러자 그 결과는 놀라웠다. 사람들이 모두 철의 흡수선이라고 한 것이 실은 우주에서 가장 간단한 원소인 수소와 헬륨의 흡수선을 합해 놓은 것과 모양이 같았기 때문이다. 페인은 흡수선의 진하기를 정밀하게 측정했다. 수소든 헬륨이든 더 많이 있는 것이 더 진한 흡수선을 만들 것이다. 끈질긴 계산 결과, 태양은 수소

90%와 헬륨 10%로 이루어진 것이 확실했다. 태양은 무거운 쇳덩어리가 아니었다.

태양이 수소와 헬륨으로 이루어져 있다면 다른 별들도 이와 다르지 않을 것이다. 그렇다면 우주는 거의 수소로 이루어졌다고 보아도 무방하다. 하늘에 떠 있는 뜨거운 태양이 수소와 헬륨 같은 기체 덩어리라니, 사람들은 믿을 수 없었다. 과학자들조차 페인의 주장을 받아들이지 않았다. 페인의 지도 교수인 천문학자 헨리 러셀 역시 제자의 연구 결과를 믿으려고 하지 않았고,

논란에 부칠 여지도 없는 결과라고 단언했다. 그리고 페인에게 박사 학위 논문에 이런 문구를 넣도록 강요했다.

'이것은 거의 확실히 사실이 아닐 것이다.'

러셀의 말을 거부하는 것은 미국 천문학계에서 떠나야 한다는 말과도 같았다. 지금 보면 옳은 이론이지만 처음 발견되었을 때 주류 과학계에서 심한 핍박을 받은 예가 수도 없는데, 페인이 그런 경우다. 결국 페인은 지도 교수가 시키는 대로 했고, 그 대가로 하버드를 겨우 졸업할 수 있었다.

이렇게 미국의 천문학계가 젊은 여성 천문학자의 연구 결과에 트집을 잡고 실수를 잡아내려고 혈안이 되어 있는 동안 유럽에서는 태양이 빛을 내는 이유에 대해 아주 색다른 연구가 진행되고 있었다. 이미 유럽 과학자들은 수소가 핵융합을 통해 큰 에너지를 낼 수 있고, 태양의 연료는 수소라는 게 거의 확실하다고 주장하고 있었다.

10

태양이 타오르는 방법을 알아내다

페인이 태양의 주성분이 수소라는 것을 주장할 무렵 독일 괴팅겐에서는 프리츠 후터만스가 영국 과학자 로버트 앳킨슨과 태양이 에너지를 내는 과정에 대해 연구하고 있었다. 그들은 원자핵 물리학을 이용해 어떻게든 설명해 보려고 애썼는데, 결과를 놓고 보자면 그것은 훌륭한 시도였다. 태양이 대부분 수소로 이루어져 있고 거기에 헬륨이 약간 포함되어 있다면, 태양에서 나오는 빛과 열은 수소가 타면서 나오는 것이 틀림없었다. 수소 4개가 합쳐질 수 있다면 헬륨을 만들 수 있고, 헬륨은 수소 다음으로 간단한 원소이기 때문이다.

물론 여기서 수소가 탄다는 것은 우리가 일상적으로 말하는 '탄다'의 의미와는 크게 다르다. 종이나 생일 케이크의 초가 타는 것은 산소와 격렬한 반응을 일으킨 결과다. 그러나 수소가 타는 과정은 산소와는 아무 관련이 없다. 그래서 과학자들은 탄다는 표현보다 '핵융합'이라는 표현을 쓴다.

수소 1kg이 핵융합을 일으키면 0.9929kg의 헬륨이 만들어진다. 그렇다면 나머지 0.0071kg은 어디로 사라졌을까? 이 작은 질량은 아인슈타인의 특수상대성이론에서 나온 공식 '$E=mc^2$'에 따라 어마어마한 양의 에너지(E)로 바뀐다. 이 방정식을 잘 보면 에너지와 질량 사이에 같다는 것을 나타내는 부호 '='가 있다. 이것은 에너지와 질량이 근본적으로 같으며, 이것을 환산하는 데 빛의 속도를 두 번 곱한 것이 필요하다는 뜻이다. 좀 더 쉽게 이야기하자면, 빛의 속도는 달러와 원 사이의 환율 같은 것이다. c는 앞에 말했듯이 빛의 속도로 299,792,458m/s이고, 읽기도 벅찬 이 숫자를 수고스럽게 두 번 곱해야 한다. m은 잃어버린 질량으로 여기서는 0.0071kg이다.

자, 이제 이 숫자들을 공식에 넣고 계산기를 두드리면 얼추 640조 J(줄)이라는 어마어마한 에너지로 바뀌는데, 이것은 전 지구인이 1년 동안 석유와 석탄을 태워 얻은 에너지의 10배와 맞먹는다. 수소 7.1g, 다시 말해 각설탕 1개 반 정도 무게의 수소가 사라졌을 뿐인데 이렇게 큰 에너지가 나오는 것이다. 이 과정은 우리가 알고 있는 어떤 방법보다도 효율적으로 에너지를 만드는 방법이다. 태양은 지금 이 순간에도 1초에 400만 톤씩 질량이 사라지고 있으며 거기서 나오는 에너지로 우리가 살아간다. 이러다 태양이 다 없어질까 봐 걱정하는 사람도 있겠지만, 태양은 엄청나게 크기 때문에 아직도 50억 년이나 더 빛날 수 있다.

후터만스는 수소 4개가 모여 헬륨 하나로 바뀌면서 사라진 아주 적은 양의 질량이 태양에너지의 원천일 수밖에 없다고 생각했다. 다만 어떻게 수소 4개가 헬륨으로 변하는지를 자세히 설명할 수 없었는데, 그것은 아직 중성자의 존재가 발견되지 않아 수소 핵융합 과정을 상세하게 알 수 없었기 때문이다. 중성자는 1932년에야 모습을 드러냈다. 그리고 태양 내부의 온도와 밀도가 수소 핵융합반응이 일어날 수 있을 만큼 충분히 큰지도 알 수 없었다. 가장 속 시원하게 알 수 있는 방법은 태양 속으로 들어가 보는 것이겠지만, 이것은 지금도 불가능하다. 결국 태양의 온도와 밀도가 깊이에 따라 어떻게 변하는지는 계산으로 추측하는 수밖에 없었다. 별 내부의 온도는 요즘도 계산으로 추정한다. 계산 결과, 태양 속에서는 수소 원자핵이 융합할 수 있을 만큼 압력이 크고 온도도 높다는 것을 알 수 있었다.

후터만스의 계산과 페인의 관측 분석 덕에, 태양은 수소로 이루어졌고 수소가 태양에너지의 원천일 수밖에 없다는 것이 증명되었다. 후터만스는 1929년 이런 내용을 독일 물리학 저널에 발표했다. 그는 태양이 어떻게 빛나는지를 안 최초의 인간이 된 것이다.

페인의 연구 결과가 모두 사실로 드러나자, 그녀의 연구 결과가 틀려서 학위를 줄 수 없다고 버틴 노장 과학자들은 하나같이 자신이 페인의 논문 심사에 참여했다는 사실을 내세우려고 애썼다. 또 자신들이 태양의 주성분이 수소라는 것을 알고 있었다고 뒤늦게 주장했다. 그런 사람들 중에 당연히 러셀도 끼어 있었다. 사람들이 과학자는 냉철하고 객관적이며 정직하다고 생각할지 모르나, 과학자는 상황에 따라 치사하고 비겁하게 굴기도 하고 거짓말을 하기도 한다.

이쯤에서 우리가 확인하고 넘어가야 할 것은, 아인슈타인·드 지터·프리드만·르메트르가 우주가 어떤 모양을 하고 있는지 고민하던 시절에 실은 가장 가까이 있는 별의 주성분이 무엇인지 몰랐을 뿐만 아니라 별이 어떻게 빛과 열을 내는지도 몰랐다는 사실이다. 세기의 천재들은 우리보다 아는 것이 많지 않았다.

태양과 우주의 주성분은 왜 수소일까? 지구에서는 흔한 원소들이 왜 우주에서는 찾아보기 힘들까? 외부은하들은 왜 기를 쓰고 달아나고 있을까?

분명한 것은, 제대로 된 우주 모형이 완성되려면 이 모든 사실이 한 점으로 모여야 한다는 것이다. 그때는 과학계에서 제각기 따로 일어나는 이런 연구 결과들이 어떻게 연결될지 아무도 몰랐다.

　태양 내부에서 벌어지는 수소 핵융합에 대해 더 연구하던 후터만스는 1930년대에는 연구를 거의 이어 갈 수 없었다. 공산당원이던 그는 나치에게 잡힐까 봐 독일을 탈출해 러시아로 망명을 갔다. 하지만 얼마 지나지 않아 스탈린이 과학자들을 숙청하는 바람에 소련 비밀경찰에 체포되어 고문을 받은 뒤 감옥에 갇혔고, 1940년 석방된 뒤에는 다시 독일 게슈타포에 체포되어 고생을 했다. 전쟁과 정치가 과학자들에게 주는 영향은 아주 크다. 팽창하는 우주를 주장하던 프리드만은 참전 후유증으로 몸이 약해진 상태에서 병을 얻어 일찍 죽었다. 만약 그가 더 오래 살았다면 르메트르와 의견을 주고받으며 팽창하는 우주 모형을 발전시켰을 것이고 빅뱅우주론은 더 일찍 일반화되었을지도 모른다.

　후터만스가 감옥을 전전하며 고생하느라 수소 핵융합 이론에 전혀 손을 대지 못하고 있을 때 그의 뒤를 이어 연구를 발전시킨 사람은 한스 베테다. 베테는 원래 독일 튀빙겐대학에 적을 두고 있었지만 어머니가 유대인이었기 때문에 해고당한 뒤 영국으로 건너갔다. 그러고는 또다시 미국으로 건너갔다. 당시 유럽의 과학자들 중에는 비교적 사상의 자유가 보장되고 전쟁의 위협이 적은 미국으로 가고 싶어 하는 사람들이 많았다. 베테처럼 유대인 혈통인 사람들은 더더욱 그런 기회를 간절히 바랐다.

유대인은 아니지만 러시아 핵물리학자 가모브도 러시아를 떠나고 싶었다. 1923년 가모브는 프리드만을 만나 역동적으로 진화하는 우주론에 대해 배우고 같이 연구할 수 있었지만, 1925년 프리드만이 갑작스레 죽자 더는 연구를 이어 갈 수 없었다. 프리드만 다음으로 만난 지도 교수는 일반상대성이론에 별 관심이 없었다. 가모브는 자연히 핵물리학에 더 집중하게 되었다. 때마침 러시아 공산당은 마르크스와 레닌의 변증법적 유물론을 과학 이론이 합당한지를 판단하는 잣대로 삼았고, 정치 노선에 따라 바뀌는 과학 정책을 따르지 않는 과학자들은 밤새 사라지는 일이 많았다. 영국과 오스트리아에서 2년 넘게 연구 활동을 한 가모브는 이런 환경을 견디기가 매우 힘들었다. 가모브는 러시아를 탈출하기로 마음먹었다.

1932년 가모브는 아내와 함께 카약을 타고 튀르키예로 도망갈 계획을 세웠다. 배급받은 식량 가운데 일부를 따로 모아 탈출할 준비를 했다. 당시에는 구하기 힘든 달걀을 하루하루 모아 삶고 추위에 대비해 독한 술도 준비했지만, 날씨만은 마음대로 준비할 수 없었다. 250km에 이르는 흑해를 건너 튀르키예에 도달하기란 생각처럼 쉽지 않았다. 이듬해인 1933년 다시 한 번 기회가 왔다. 벨기에에서 열리는 솔베이 회의에 러시아 대표로 선정된 것이다. 가모브는 아내와 함께 학회에 참석해 다시는 러시아로 돌아가지 않았다.

가모브는 미국으로 건너가 조지워싱턴대학에 자리를 잡고 당시 가장 인기 있는 분야이며 자신의 핵심 연구 분야이기도 한 핵물리학에 빠져들었다. 당시 모든 핵물리학자들이 원자폭탄을 만드는 프로젝트에 불려 가고 없을 때 가모브는 러시아 붉은 군대 장교였다는 이력 때문에 핵무기 프로젝트에 참가할 수 없었다. 그 대신 아무 간섭도 받지 않고 학술 대회를 조직할 수 있었다. 1938년 가모브가 아무 제재 없이 연 '별들의 에너지 원천에 관한 문제'라는 학술회의에 핵물리학자·양자물리학자·천체물리학자 들이 참가했는데, 그중 가장 강한 영감을 받은 사람이 바로 한스 베테다. 핵융합에 관심이 많던 베테는 이 회의에서 돌아오자마자 수소 핵융합 과정에 대해 깊이 파고들었다.

그는 태양 속에서 수소 4개가 융합해 헬륨 하나가 만들어지는 과정은 두 가지가 있다는 사실을 깨달았다. 첫 번째 과정은 보통 수소와 중수소가 참여한다. 중수소는 보통 수소에 중성자가 하나 더 들어가 있는 무거운 수소를 가리키는데, 1932년에 중성자가 발견된 덕분에 질량이 다른 두 종류의 수소에 대해 자세히 알게 되었다.

두 번째 과정에는 중수소가 아닌 보통 수소와 탄소가 등장한다. 만약 태양의 몸속에 원래 탄소 원자가 조금이라도 있었다면 태양 내부는 너무나 뜨겁고 압력이 커서 탄소와 수소가 부딪칠 기회가 많을 것이다. 그중에는 탄소 핵에 수소 핵이 들러붙는 것이 있을 텐데, 이 경우 탄소 핵이 불안정해지며 마구 흔들려 결국 헬륨 핵을 토해 내고 다시 속이 편한 상태로 돌아간다. 탄소는 조용히 있고 싶겠지만 그럴 수 없다. 사방에서 수소 원자핵들이 마구 날뛰며 탄소에게 육탄 돌격하기 때문이다. 탄소 원자핵은 또 수소 원자핵을 삼킬 수밖에 없고, 탄소 원자핵 속에서는 또다시 난리가 일어난다. 결국 탄소는 수소를 헬륨으로 바꾸는 공장 구실을 하는 것이다.

눈에 보이지도 않는 원자들 사이에 일어나는 일을 사람들은 믿으려고 하지 않았다. 그러나 1940년대에 들어서면서 베테가 주장한 두 가지 핵반응이 태양에서 충분히 일어날 수 있으며 실제로 태양은 이런 식으로 에너지를 내고 있을 수밖에 없다는 것이 확실해졌다. 베테는 탄소 순환 과정을 설명한 논문을 1939년에 발표했고, 별 내부에서 벌어지는 에너지 합성 과정을 밝힌 공로로 1967년 노벨상을 받았다.

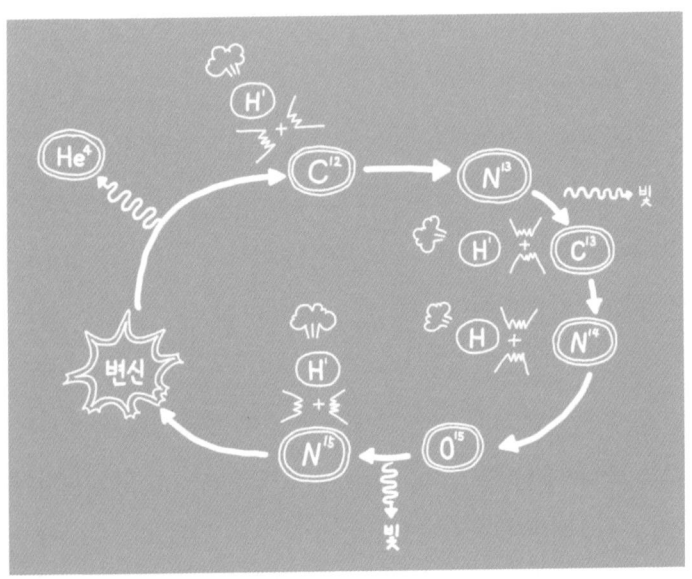

탄소 순환 과정

양성자 2개가 결합해 중수소가 되고 거기에 또 다른 양성자를 만나 He³가 된 뒤, 이것과 똑같은 He³ 2개가 만나 He⁴가 생기고 2개의 수소가 생기는 양성자-양성자 연쇄 반응이 일어나기는 하지만 극히 드문 것으로 알려졌다. 만약 이 반응이 우세하다면 태양에서 많은 중수소가 발견되어야 한다. 그러나 실제로는 그렇지 않다. 탄소가 수소 4개를 차례차례 받아들여 He⁴를 만들고 자신은 그대로 탄소로 남는 탄소 순환 과정은 태양에서 흔히 일어나는 것으로 밝혀졌다. 문제는 태양이 태어날 당시 이미 탄소가 존재해야 한다는 것이다. 이 탄소들은 우주의 역사 초기에 무거운 별들이 만들어 우주 공간에 뿌린 것이다.

태양은 1초에 5억 8400만 톤의 수소를 5억 8000톤의 헬륨으로 바꾸고 있으며 그 사이에 사라진 질량은 빛과 열이 되어 온 사방으로 퍼진다. 언뜻 보기에는 그러다 태양이 곧 꺼질 것 같지만, 태양은 톤으로 따지면 2 뒤에 0을 27개나 써넣어야 할 정도로 어마어마한 질량의 수소를 가지고 있으니 앞으로 이 수소를 다 쓰려면 50억 년이나 걸린다.

핵융합과 핵분열에 관한 연구가 이렇게 태양이 어떻게 불타고 있는지를 알아내는 데만 집중되지는 않았다. 과학처럼 정치와 군사력과 전쟁에 휘둘리는 학문을 찾아보기 힘들다. 과학자라는 직업이 있기 전부터 권력을 가진 사람들은 과학기술에 뛰어난 사람들을 거느리고 권력을 유지하는 중요한 수단으로 이용했다. 또 필요하다면 과학자들이 연구하는 데 큰돈을 지불하기도 한다. 웃어야 할지 울어야 할지 모르겠지만, 오늘날에도 최첨단 장비들 중에는 전쟁에서 이기려고 만든 장비를 응용한 것이 많다.

다른 때가 아니라 제2차 세계대전이 일어나던 때였고, 과학자들은 결코 정치와 전쟁으로부터 자유로울 수 없었다. 전 세계에 있는 물리학자들은 다른 신념을 가진 사람들끼리 필요에 따라, 아니면 강요에 가까운 권유를 받아 모두 원자폭탄을 만드는 프로젝트에 참가했다. 핵무기를 만드는 데 핵융합과 핵분열을 통제하는 기술은 반드시 필요했다. 이런 기술은 아무나 가질 수 없었다. 오직 '세계적'인 과학자들만 핵을 요리하는 방법을 알고 있었다.

11

가모브,
뜨거운 원시핵을
생각하다

이제 태양은 수소로 이루어진 커다란 공이며, 태양이 불타는 이유는 그 수소가 핵융합을 일으켜 헬륨으로 변하는 과정에서 잃어버린 질량이 빛과 열이 되어 나오기 때문이라는 사실이 밝혀졌다. 밤하늘에 빛나는 무수한 별도 태양과 같은 방식으로 빛을 낸다. 그렇다면 우주는 거의 수소로 이루어진 셈이다.

수소는 우주의 시작과 더불어 생겼을 것이다. 수소가 뭉쳐 헬륨이 되고, 같은 방법으로 핵융합을 통해 더 무거운 원소들이 만들어진다고 볼 수 있었다. 그러나 지구인들은 앞으로 더 나아갈 수 없었다. 수소가 헬륨을 만드는 것까지는 이해했지만, 그 뒤를 알 수 없었던 것이다. 베테도 어떻게 탄소가 처음부터 태양에 들어가 있었는지를 설명할 수 없었다.

가모브는 처음부터 차근차근 문제를 해결해야겠다고 생각했다. 우주에 수소와 헬륨이 이렇게 많은 이유가 무엇일까? 탄소는 어떻게 생겨서 태양에 들어갔을까?

이 두 가지 질문에 답하는 과정은 핵물리학을 우주론에 근사하게 결합할 수 있는 방법이었다. 만약 가모브가 프리드만에게 우주론을 배우지 않았다면 이런 결합을 생각해 내기 쉽지 않았을 것이다. 하지만 정작 핵물리학을 우주론에 적용하자니 그를 도와줄 사람이 없었다. 스승이던 프리드만은 벌써 죽었고, 아인슈타인은 중력과 전자기력을 합쳐 하나의 힘으로 만드는 데 몰두하고 있었기 때문에 가모브와 우주론에 대해 논의할 생각이 전혀 없었다.

가모브는 태양에 탄소가 어떻게 들어갔는지 설명하려면 르메트르의 원시 원자에서 시작하는 것이 가장 합리적이라고 생각했다. 그는 처음에는 르메트르의 원시 원자를 중성자로 이루어진 거대한 원시핵으로 상상했다. 1932년에 중성자가 발견되면서 원자핵물리 분야에서는 중성자를 다루는 것이 뜨거운 주제였다. 가모브는 가장 최근에 밝혀진 입자로 원시 원자를 채워 넣을 생각을 했다. 하지만 이 원시핵에는 문제가 있었다.

중성자로 이루어진 원시핵이 분열을 거듭한다면 가장 안정한 상태의 원소에서 분열을 멈출 텐데, 우리가 알고 있는 가장 안정한 원소는 철이다. 철 원자는 더 분열하지 않으니까 이론적으로만 보자면 이 세상은 철로 채워져야 한다. 태양의 주성분은 철이어야 하고, 우주에서 가장 흔하게 발견되는 원소가 철이어야 한다. 그러나 그렇지 않았다. 그간의 연구와 관측 결과를 볼 때 철은 우주에 아주 조금밖에 없는 원소이고 수소와 약간의 헬륨이 주성분이며 주기율표에 있는 모든 원소의 양을 다 합해도 헬륨보다 많지 않다. 이것은 뭔가 잘못되었다.

가모브는 원시 원자와 그것이 부풀어 오늘날 우주가 되었다는 르메트르의 의견은 받아들일 수 있었지만, 중성자가 아닌 다른 것으로 원시핵을 채워 넣어야 한다는 점을 깨달았다.

고심 끝에 가모브는 르메트르의 중성자로 이루어진 차가운 원시핵 대신 수소로 채워진 뜨거운 원시핵을 생각해 냈다. 큰 원자를 쪼개서 작은 원자를 만드는 것이 아니라 가장 간단한 원자인 수소로 채워진 원시핵이 융합을 일으켜 점점 큰 원자가 되었다고 가정했다. 르메트르가 원래 큰 원자를 쪼개서 작은 원자를 만들었다면, 가모브는 가장 기본적인 원자에서 큰 원자로 핵융합해 가는 과정을 선택한 것이다. 원자를 만드는 방법을 두고 선택한 방향이 르메트르의 것과 반대였다. 그리고 핵융합을 일으킬 방아쇠가 폭발이라고 생각했다.

가모브가 폭발하는 원시핵을 생각한 것은 아주 자연스러운 선택이었다. 허블이 외부은하들이 멀어져 가고 있다는 것을 관측으로 밝혀 놓았기 때문에, 시간을 거꾸로 돌리면 외부은하들이 한곳으로 모여들 수밖에 없을 것이다. 시간을 우주의 나이만큼 거꾸로 돌리고 관측으로 알려진 수많은 외부은하를 태양계 크기만 한 곳에 몰아넣으면, 그 안은 그야말로 아수라장이 될 것이다. 별은 대부분 수소로 이루어졌으니까, 이것은 온도와 밀도가 어마어마하게 높은 수소 아수라장이라고 해야 옳겠다. 가모브가 생각한 원시핵은 이런 것이었다.

만약 이런 핵이 존재한다면 이 원시핵은 몹시 불안해서 폭발을 일으킬 것이다. 폭발은 지구에서는 재현할 수 없을 정도로 크고 엄청난 것이라서, 이 폭발 과정에서 수소의 일부가 헬륨으로 바뀌고 헬륨보다 더 무거운 원소인 탄소도 합성될 수 있다. 가모브는 이렇게 우주의 역사 초기에 탄소가 만들어졌기 때문에 태양에 탄소가 들어갈 수 있다고 가정했다.

이런 가정은, 그간 관측한 자료와 계산에서 현재 태양이 헬륨을 만들어 내는 속도로 볼 때 태양이 가지고 있는 헬륨의 양만큼 만들려면 무려 270억 년이나 걸린다는 결과가 나왔기 때문에 할 수 있었다. 그때만 해도 태양의 나이가 올바로 측정되지 않았지만, 270억 년은 너무 터무니없는 숫자였다. 즉 태양은 스스로 만들 수 있는 헬륨보다 더 많은 헬륨을 이미 몸에 지니고 있는 것이다. 그렇다면 그 헬륨은 태양이 만들어질 때 벌써 우주에 깔려 있어야 한다. 가모브는 태양의 원재료가 될 헬륨은 물론이고 탄소 순환에 참여할 탄소까지도 우주의 초기 폭발 때 생겼다고 생각했다.

왠지 이야기가 잘 풀릴 것 같았다. 그러나 이 모든 시나리오의 전제 조건은 우주 초기에 뜨거운 원시핵이 있어야 한다는 점이다.

12

잊혀 버린 알파, 우주의 첫 5분을 계산하다

가모브는 팽창하고 있는 우주의 시간을 거꾸로 돌리면 벌어질 일을 이렇게 상상했다. 우주에 있는 물질이 한곳으로 모이고 심하게 압축되며 온도와 밀도가 엄청나게 높아지면서 원자핵과 전자가 모두 분리될 뿐만 아니라 원자핵조차 양성자와 중성자로 분리될 만큼 뜨겁고 밀도가 높은 상태가 될 것이다.

가모브는 이런 상태를 뭐라고 부를지 고민하다 웹스터 사전에서 옐름(yelm)이라는 단어를 찾았다. 옐름의 뜻은 '모든 물질이 될 수 있는 원시 물질'이지만, 요즘은 아무도 쓰지 않는 말이다. 그는 르메트르의 원시 원자 대신 옐름이라는 말을 썼다.

우주 초기의 상태에 대한 기본 구상은 정리되었고 이름까지 붙였다. 다음으로 해야 할 일은 이 상태에 대한 수학적인 모형을 만드는 것이다. 그리고 우주 초기부터 지금까지 시간을 빨리 돌렸을 때 현재 우주에 있는 수소와 헬륨의 관측 값과 잘 맞는 결과가 나와야 한다. 이제 남은 것은 계산하고 계산하고 또 계산하는 일뿐이다. 그런데 이를 어쩐다. 가모브에게 수학은 정말 피하고픈 분야였다. 계산의 양은 어마어마한데 컴퓨터가 없던 시절이다. 수학에 강한 조력자가 필요했다. 때마침 대학원생 가운데 수학에 뛰어난 재능이 있고 꼼꼼하기로는 둘째가라면 서러운 데다가 유머 감각까지 갖춘 사람이 있었다. 바로 랠프 앨퍼였다.

가모브는 앨퍼를 제자로 받아들였다. 앨퍼는 가모브의 지도에 따라 우주 초기의 아주 짧은 시간에 이루어졌을 원자핵 합성에 대해 연구하기 시작했다. 짧은 시간이란 길어야 10분이 될지 20분이 될지 알 수 없지만, 1시간을 넘지 않는 시간이었다. 여기서 우리는 재미있는 사실을 짚고 넘어가지 않을 수 없다. 가모브와 앨퍼가 우주가 생긴 지 10분 안에 벌어진 일을 상세하게 알려고 노력하던 시절에 인간은 우주의 전체 나이도 잘 몰랐다. 100억 단위인 시간을 가늠하지도 못하면서, 언제 벌어졌을지도 모르는 우주 초기의 역사를, 그것도 5분 안에 벌어진 일을 알아내려고 하는 것은 무척 무모한 짓으로 보인다. 하지만 그런 무모한 일을 하려는 사람들 때문에 재미있는 일이 생긴다.

앨퍼가 해야 할 계산은 간단하지 않았다. 고려해야 할 것이 너무 많았다. 그때 앨퍼와 가모브가 고려한 것은 다음과 같다. 처음 우주의 상태는 온도와 밀도가 너무 높아서 양성자와 중성자가 넘치는 에너지를 주체하지 못하고 미친 듯이 날뛰었다. 이런 상태라면 둘이 부딪치기는 해도 결합할 수는 없다. 두 입자가 손을 붙들고 있기에는 온도가 매우 높기 때문이다. 우주가 팽창하고 시간이 흐르면 입자들의 간격이 넓어지고 서로 부딪칠 기회가 줄어든다. 즉 온도가 낮아지는 것이다. 그러나 입자들의 사이가 너무 넓어지고 온도가 너무 많이 내려가면 입자들의 속력이 느려지고 양성자와 중성자는 부딪칠 기회를 잃는다. 움직이지 않으면 상대를 만날 수 없다.

참, 재미있는 것은 이런 상황이 인간관계와 비슷하다는 것이다. 오지랖이 넓어 아는 사람은 많아도 정작 깊은 관계는 맺지 못하는 사람, 서로 사랑해서 같이 살고 싶지만 주변 환경이 방해해 뜻을 이루지 못하는 로미오와 줄리엣, 나이가 들면서 사람 만날 기회가 줄어 혼자 외로움을 삭이는 싱글. 이야기가 곁길로 샜다. 아무튼 인간이나 입자나 모두 적당한 때를 만나야 결합된다. 뜨거운 원시핵에 적당한 때란 적당한 온도다. 원시핵이 팽창과 더불어 온도가 내려가서 수조 도보다는 낮고 수백만 도보다는 높은 구역을 지나갈 때 원시핵에서 원자핵 합성이 이루어진다.

문제는 이것만이 아니다. 중성자는 아주 불안한 입자라서 10분이 지나면 원래 있던 중성자 중 절반이 양성자로 변하고 만다. 시간이 지날수록 중성자가 사라진다. 중성자가 사라지면 헬륨이 만들어질 수 없다. 1시간이 지나면 우주 초기에 있던 중성자 가운데 2%만 남기 때문에, 그 전에 헬륨과 무거운 원소들을 만들어야 한다. 또 앨퍼와 가모브는 그들의 계산에 각 입자의 충돌 단면적에 대한 계산까지 넣었다. 입자들의 충돌 단면적이 넓을수록 충돌의 기회가 늘어나 더 많은 헬륨이 만들어질 것이다. 이와 반대로 충돌 단면적이 좁을수록 충돌의 기회는 줄어든다.

이 모든 조건을 고려해 계산한 사람은 앨퍼다. 앨퍼는 계산하고 수정하고 또 계산하는 작업을 3년이나 했다. 그리고 드디어 결과가 나왔다. 앨퍼는 우주의 원시 수소 스프가 폭발한 뒤 300초 안에 수소 원자핵 10개당 1개의 헬륨 원자핵이 만들어졌다는 계산 결과를 얻었다. 우주가 시작된 지 300초, 즉 5분 만에 오늘날 우주에서 요리되고 있는 주요 재료인 수소와 헬륨이 준비 끝! 우주는 정말 재빠른 요리사였다. 게다가 그가 계산한 수소와 헬륨의 양은 관측 값과 아주 잘 맞았다. 앨퍼는 헬륨 다음으로 탄소가 어떻게 생겼는지는 알아낼 수 없었지만, 계산으로 알아낸 수소와 헬륨의 비율이 관측한 값과 맞았다는 데 큰 희열을 느꼈다. 이 지구에서 한 발자국도 떠나지 않고 우주의 처음이 어땠는지 계산해 냈기 때문이다. 그들의 연구 내용은 1948년 물리학 리뷰에 '화학 원소의 기원'이라는 제목으로 실렸다. 논문이 나온 뒤 여러 과학자가 더욱 정밀하게 계산한 결과 5분은 3분으로 줄었고, 훗날 전자기력과 약력을 통일한 공으로 노벨상을 받은 스티븐 와인버그는 그의 저서에 '처음 3분간'이라는 제목을 붙였다.

이 논문은 과학자들에게는 '알파-베타-감마 논문'으로 알려졌다. 저자들 이름의 머리글자를 따서 그렇게 부르도록 가모브가 바람을 넣고 다녔기 때문이다. 알파는 앨퍼, 감마는 가모브의 이름에서 나왔다. 그럼 베타는 누구일까?

괴짜인 데다 기이한 행동을 많이 해서 사람들을 유쾌하게 하기도 하고 불쾌하게 하기도 한 가모브는 논문의 저자로 한스 베테를 넣었다. 베테는 태양에서 수소 핵융합이 일어나는 과정을 밝혀 과학계에서는 벌써 유명 인사였지만 이 논문과는 관련이 없는 사람이었다. 그런 베테의 이름을 넣은 이유는 오직 하나, 가모브가 논문의 별칭을 알파-베타-감마 논문이라고 하려면 베타에 해당하는 알파벳 B로 이름이 시작하는 인물이 필요했기 때문이다. 가모브의 제의에 베테는 별생각 없이 자신의 이름을 빌려주었다. 순전히 재미를 위해 베테의 이름을 올린 것이다.

무심코 던진 돌에 맞은 개구리는 앨퍼다. 가모브와 베테는 유명한 과학자였고 앨퍼는 대학원생에 불과했다. 힘든 계산을 하느라 병까지 얻었지만 저명한 과학자들 사이에 끼어 있으면 앨퍼의 공은 그늘에 가려질 것이 뻔했다. 앨퍼는 논문 저자로 베테의 이름을 넣는 것을 두고 가모브와 심한 말다툼을 벌였다. 그러나 논문은 벌써 인쇄되어 나왔고, 앨퍼의 예상대로 논문의 성과에 대한 공은 가모브와 베테의 몫이 되었다. 곧이어 헬륨보다 무거운 원소의 합성에 관한 연구는 베타와 감마가 해결해 줄 것이라는 논평이 나왔다.

앨퍼라는 이름은 사람들의 기억에서 바람보다 빨리 잊혀 갔다.

13

앨퍼와 허먼,
우주배경복사를
예언하다

　알파-베타-감마 논문은 폭발하면서 팽창하는 역동적인 우주론을 강력하게 뒷받침해 주는 중요한 논문이었다. 게다가 20여 년 전에 허블은 외부은하가 오늘도 열심히 뒷걸음질하고 있다는 사실을 관측으로 증명해 주었다. 그러나 과학계의 최전선에 있는 주류 과학자들은 우주가 팽창하고 있다는 사실을 여전히 선뜻 받아들이지 않았다. 우주가 폭발로 생겨났고 300초 안에 모든 물질이 만들어졌으며 지금도 우주가 부풀고 있고 그 가운데 우리가 여기에 있다는 생각은, 여간해서는 받아들이기 힘들었다. 신문에 비웃음 섞인 논평이 실리는 것은 당연했다.

게다가 그들의 계산치가 관측치와 딱 맞는 것도 흠 아닌 흠이었다. 사람들은 논문의 저자들이 관측 값에 끼워 맞춰 계산했다고 비난했다. 이런 비난을 받은 건 두 사람이 헬륨보다 무거운 원소들이 만들어지는 과정을 논하지 않았기 때문이다. 그럼에도 우주에 시작이 있었고 뜨거운 원시핵이 폭발해 오늘의 우주가 생겼다는 모형은 가모브와 앨퍼의 계산으로 더 확실해진 듯 보인 것이 사실이다. 그들이 르메트르의 우주 모형에 탄탄한 물리적 배경을 입힌 것이다.

　앨퍼는 헬륨보다 무거운 원소를 만드는 일은 계산만으로 보일 수 없다는 사실을 깨달았다. 헬륨보다 무거운 원소들은 아직 어떤 과학자에게도 핵 합성의 비밀을 알려 주지 않았다. 만약 앨퍼가 가모브와 함께 이 문제를 물고 늘어지면 언젠가 풀기는 하겠지만 그러다간 졸업을 할 수 없기 때문에 서둘러 논문을 마쳐야 했다. 그러나 앨퍼는 헬륨보다 무거운 원소를 만드는 방법을 빨리 알아내야만 가모브와 베테 탓에 가려진 자신의 공을 되찾아올 수 있을 것이라고 굳게 믿고 있었다.

　앨퍼의 고민은 헬륨 다음으로 무거운 리튬을 만들 방법이 없다는 것이었다. 유명한 원자핵물리학자인 엔리코 페르미도 우주 초기 200초 안에 일어난 일을 계산하고 있었는데, 그도 헬륨보다 무거운 원소를 만드는 부분에서 막혀 연구를 더는 진행할 수 없었다. 당시 원자핵물리학자들의 최대 고민은 핵자 수에 관한 것이었다. 핵을 이루는 양성자와 중성자의 수를 합한 것을 '핵자 수'라고 하는데, 수소는 핵자가 하나인 것에서부터 3개인 것까지 있다. 보통 수소는 양성자 하나로 이루어져서 핵자가 하나이고, 중수소는 양성자 하나와 중성자 하나로 이루어져 있어서 핵자 2개, 삼중수소는 양성자 하나에 중성자 2개로 이루어져서 핵자가 3개다. 헬륨은 양성자 2개와 중성자 2개로 이루어져서 핵자 4개인데, 문제는 그다음이다. 헬륨은 그 자체로 안정된 원소이고, 수소처럼 중성자를 더 많이 가진 헬륨은 없다. 반면, 그다음 원소인 리튬은 안정된 상태에서 양성자 3개와 중성자 3개로, 핵자가 6개다. 이 세상 어디에도 핵자가 5개인 원소는 없다. 그렇다면 핵자가 6개인 리튬은 어떻게 만들어졌을까? 당시에는 이 문제를 푼 사람이 없었다.

가모브와 앨퍼는 이 문제를 풀기 위해 좀 더 훌륭한 도우미를 고용하기로 했다. 사람보다 빠르고 정확하게 계산해 주는 컴퓨터는 아무리 일을 시켜도 앓는 법이 없는 좋은 도구였다. 덩치가 너무 커서 커다란 연구실을 다 내주어야 할 정도였지만, 전기만 공급하면 아무 불평도 하지 않는 바람직한 조수였다. 그들은 구멍이 숭숭 뚫린 카드로 프로그래밍을 하는 IBM 컴퓨터를 샀고, 디지털 컴퓨터가 나오자 초기 모델 시크(SEAC)를 사느라 연구비를 썼다.

  그런데 가장 큰 도움을 준 사람은 우연히 알게 된 로버트 허먼이다. 허먼은 앨퍼처럼 러시아를 떠난 유대인의 후손이었지만, 뉴욕주 브롱크스에서 태어난 뉴욕 토박이였다. 프린스턴에서 학위를 받은 허먼은 호기심이 강한 학생이었기 때문에 휴게실 옆자리에서 앨퍼와 가모브가 나누는 이야기를 흘려듣지 않았다. 그는 과학의 시작은 순수한 호기심이라는 사실을 잘 알았고, 그런 호기심이 만들어 낸 분야가 우주론이라고 생각했다. 우주의 역사 초기에 벌어진 원자핵 합성에 관한 것이라면 더더욱 관심이 갔다. 앨퍼와 허먼은 곧 의기투합해 헬륨보다 무거운 핵을 만들 방법을 알아내기 위해 뇌세포를 열심히 활성화했다.

  앨퍼가 열심히 계산한 덕분에 처음 5분간 무슨 일이 벌어지는지는 연구가 끝났기 때문에, 두 사람은 그 뒤에 어떤 일이 벌어지는지를 집중적으로 고민했다. 5분이 막 지났을 때 수소와 헬륨의 핵은 생겼지만, 아직 전자와 만나 온전한 원자를 이룰 수는 없었다. 온도가 너무 높았기 때문이다. 우주가 팽창을 시작한 지 한 시간쯤 지나자 우주의 온도가 100만K 근처까지 떨어졌다. 이 정도라면 수소 원자핵이 전자를 낚아챌 수 있을까? 아직 때가 아닌가 보다. 전자는 아직도 너무 빠르다. 우주는 아직 매우 혼란스러운 플라즈마 상태다.

원자핵과 전자가 분리되어 마구 엉켜 있는 이런 상태를 플라즈마 상태라고 한다. 우리는 플라즈마 상태 속으로 들어갈 수는 없어도 플라즈마 상태에 있는 물건을 볼 수는 있다. 밤마다 켜는 형광등이 바로 그렇다. 형광등에 전기를 흘려보내면 그 속에 있는 원자들은 모조리 핵과 전자로 분리된다. 태양의 내부도 플라즈마 상태에 있다. 태양은 구성 성분이 대부분 수소이지만 멀쩡한 수소는 하나도 없고 모조리 핵과 전자로 분리된 상태다.

우주가 플라즈마 상태일 때는 앞을 볼 수 없었다는 점이 중요하다. 그때도 빛은 있었지만, 입자들이 빽빽하게 모여 빠르게 움직이고 있었기 때문에 빛은 곧바로 나갈 수 없었다. 이것은 출근 시간의 전철 안과 같은 상황이다. 유령이 된다면 모를까, 아무리 애를 써도 곧바로 걸어갈 수 없다. 빛이 곧바로 가지 못하니, 우주는 온통 뿌옇고 앞이 안 보인다. 안개 낀 날 자동차의 전조등을 켜고 이마에 주름이 잡힐 정도로 눈을 크게 떠도 앞이 안 보이는 것과 같다.

이렇게 30만 년쯤 흘렀다. 30만 년이 인간에게는 어마어마하게 긴 시간이지만 우주에서는 눈 깜짝할 사이와 같다. 이 무렵 우주의 온도는 얼추 3000K로 떨어졌다. 너무나 빨라서 원자핵에 머무를 수 없던 전자들은 속도가 적당하게 떨어져 짝을 만날 수 있었다. 수소와 헬륨 원자핵들은 속도가 떨어진 전자들을 낚아챘다. 이렇게 전자와 원자핵이 만나니 우주는 수소 원자와 헬륨 원자로 가득 찼다. 과학자들은 이 시기를 재결합의 시기라고 부르는데, 이 말에는 오해의 여지가 많다. 재결합이란 다시 결합했다는 뜻인데 원자핵과 전자는 그 전에 결합한 적이 한 번도 없기 때문이다. 아무튼 드디어 플라즈마의 시기가 끝났다는 것이 중요하다. 그리고 더 중요한 사건이 일어났다.

허먼과 앨퍼는 우주의 온도가 3000K인 이때 아주 중요한 사건이 일어났음을 깨달았다. 전자들이 원자핵과 결합하면서 우주에 있던 입자의 수가 줄고 온도가 낮아져 원자들도 예전처럼 빠르게 움직이지 못했다. 우주에 빈틈이 생겼다. 그러자 빛이 어떤 입자와도 부딪치지 않고 곧바로 뻗어 나갈 수 있게 되었다.

이것은 학교 강당에서 벌어지는 짝 맞추기 게임과 비슷하다. 강당은 전교생이 아이돌 그룹의 노래에 맞춰 춤을 추느라 발 디딜 틈이 없다. 그때 진행자가 "셋!" 하고 소리치면 학생들은 세 명씩 짝을 맞추어 껴안는다. 음악이 멈추었으니 학생들의 움직임도 거의 멈추었고 셋씩 껴안고 있으니 학생들 사이로 공간이 생긴다. 진행자는 그제야 자유롭게 학생들 틈을 지나갈 수 있다.

앨퍼와 허먼이 생각한 중요한 사건이란, 우주가 생긴 이후 처음으로 빛이 미치광이 입자들 사이에서 탈출했다는 사실이다. 빛이 자유를 찾았다. 우주는 순식간에 안개가 걷히고 투명해져 앞을 볼 수 있게 되었다. 허먼과 앨퍼는 이때 풀려난 빛이 지금도 우주를 여행하고 있을 것이라고 생각했다. 그리고 우주는 공간 자체가 팽창하고 있기 때문에, 그때 생긴 빛의 파장도 고무줄처럼 늘어났을 것이라고 생각했다. 풍선 표면에 유성 펜으로 1cm의 선을 긋고 풍선을 불면 그 선은 풍선이 커짐에 따라 같이 길어진다. 빛의 파장이 길어진다고 생각한 것도 이와 비슷한 이유다.

허먼과 앨퍼는 긴 계산 끝에, 이때 자유를 찾은 빛은 1/1000mm 파장을 가졌을 것이라고 예견했다. 당시 온도는 3000K였고 현재 우주의 온도는 1000분의 1로 낮아진 3K니까, 그 빛은 1000배 길어졌을 것이다. 두 사람은 자신들의 이론이 맞다면 지금 우주 전역에 이 밀리미터파가 골고루 깔려 있어야 하고 우주 어느 곳을 관측하든 발견되어야 한다고 생각했다. 이것은 우주라는 그림의 바탕색과 같다. 누구든 이 '우주배경복사'를 찾는다면, 그것은 우주가 태양계만 한 크기에 모여 있던 뜨겁고 조밀한 물질이 큰 폭발로 흩어져 오늘날 우주가 되었다는 사실을 증명할 수 있다.

허먼과 앨퍼에게 이 연구는 중요한 의미가 있었다. 바로 전에 발표된 알파-베타-감마 논문에서는 수소와 헬륨의 관측치를 계산에 끼워 맞추었다는 비난을 피할 수 없었다. 그러나 이번에는 달랐다. 아직 아무도 우주배경복사를 발견하지 못했다. 허먼과 앨퍼의 이론이 먼저 나왔다. 그러니 이번에는 어느 누구도 관측치에 폭발과 함께 팽창하는 우주 모형을 끼워 맞췄다고 비난할 수 없다. 이제 누구든지 좋으니 밀리미터파인 우주배경복사를 찾아 주면 된다. 그러면 그 관측 결과는 역동적으로 진화하는 우주 모형을 증명하는 훌륭한 증거가 될 것이다.

두 사람은 헬륨보다 무거운 원소를 만드는 방법은 알아내지 못했지만 우주배경복사라는 대어를 낚았다. 이 논문은 그만큼 중요한 것이었다. 그러나 아무도 이 논문에 관심을 갖지 않았다. 허먼과 앨퍼는 알파-베타-감마 논문이 나오고 몇 달 뒤 우주배경복사에 관한 이 논문을 발표했지만, 그들의 지도 교수인 가모브조차 제자들이 얼마나 놀라운 발견을 했는지 깨닫지 못했다. 머나먼 과거에 우주로 뻗어 나가 우주의 배경이 되어 버린 빛의 화석을 찾는 일이라니, 사람들에게는 터무니없는 소리로 들렸다.

안타까운 일은, 당시에 우주에서 날아오는 마이크로파를 찾을 수 있는 기술이 충분히 있었다는 점이다. 나중에 알고 보니, 오스트레일리아에 사는 월터 애덤스와 앤드류 맥켈러가 1937년과 1942년에 마이크로웨이브 수신기를 이용해 절대온도 2.3K인 복사를 벌써 발견했다. 그러나 애덤스와 맥켈러는 별빛 때문에 성간분자✦들이 데워져서 그런 복사가 관측되었다고 생각했다. 애덤스와 맥켈러는 이것이 폭발의 잔해일 수도 있다는 생각은 꿈에도 할 수 없었다. 허먼과 앨퍼와 가모브가 관측적 증거를 찾기 위해 더 관심을 기울였다면 애덤스와 맥켈러와 연결되었을 것이고, 그랬다면 아마 우주배경복사는 15년이나 앞서 발견되었을지도 모른다. 하지만 그들은 그럴 겨를이 없었다.

우주배경복사에 대해 처음에는 시큰둥하던 사람들이 나중에는 그런 일은 있을 수도 없다고 공격했다. 두 사람은 자신들의 이론을 세상 사람들에게 설득하고 논쟁에서 방어하는 데 온 힘을 다 쓰고 있었다. 지도 교수인 가모브까지 제자들의 이론을 옹호하지 않았다는 점이 그들을 힘들게 했다. 게다가 가모브는 존재 자체가 제자들에게 부담이었다. 가모브는 과학 대중화에 힘쓰며 대중을 위한 저술에 많은 노력을 기울였다. 그러나 보수적인 학계에서는 가모브가 얄팍한 인기를 업고 다닌다고 싫어했다. 어떤 과학자들은 앨퍼와 허먼의 지도 교수가 가모브인 것을 알고는 그 논문을 폄하했다. 게다가 우주론은 여전히 인기 없는 분야였고, 있는지 없는지 확실하지도 않은 우주배경복사를 찾으려고 돈과 인력을 낭비할 필요가 있느냐는 편견이 대세를 이루

✦ 별과 별 사이의 공간에 있는 물질에서 발견되는 분자.

었다. 앨퍼와 허먼은 이런 편견과 싸우느라 실제로 관측 자료를 수집할 엄두조차 내지 못했다. 보수적인 주류 과학계의 공격을 방어하느라 힘을 다 써 버린 탓에 가모브 팀은 우주론에 매진할 에너지가 없었다. 가모브는 우주론과는 전혀 관계없는 DNA화학 연구 분야로 진로를 바꾸었고, 앨퍼는 제너럴일레트릭의 연구원으로 갔으며, 허먼은 제너럴모터스로 자리를 옮겨 도로 상황 제어를 연구했다. 1953년 가모브 팀은 그렇게 해체되었다.

가모브와 앨퍼와 허먼은 르메트르의 원시 원자를 뜨거운 물질의 스프로 바꿔 생각해서 그것이 폭발한 뒤 시간이 지남에 따라 우주가 어떤 모습이었을지를 구체적으로 계산하고 우주배경복사를 예측했다. 그것은 아주 혁신적인 우주 모형이었다. 과학 교과서에 빅뱅우주론의 창시자가 가모브라고 나오는 것은 바로 이 논문들 때문이다. 그러나 엄밀히 따지면, 가모브는 르메트르와 앨퍼와 허먼이 없었다면 교과서에 이름을 남기지 못했을지도 모른다.

우주론의 혁신자들은 사람들의 무관심과 주류 과학계의 공격에 지쳐 쓰러지고 말았다. 그러는 동안 영국에서는 가모브 팀의 팽창하는 우주 모형에 맞서며 우주는 변하지 않는다고 부르짖는 정상우주론자들이 인기를 얻고 있었다. 그들의 대장은 프레드 호일이었다.

14

호일,
가모브에
맞서다

라이벌은 필요악이다. 라이벌 간의 경쟁 때문에 어떤 분야
가 발전하는 일을 역사에서 흔히 찾아볼 수 있다. 르메트르와 가
모브와 호일은 묘한 삼각관계에 있었다. 르메트르의 생각을 발
전시킨 가모브는 실질적으로 르메트르와 교류한 일이 거의 없
다. 그러나 르메트르의 우주 모형을 벌레보다 싫어한 호일은 평
생 르메트르와 각별한 친분을 유지하며 지냈다. 무엇보다 재미
있는 일은 르메트르에서 가모브로 이어지는 역동적으로 진화하
는 우주 모형이 라이벌인 호일 때문에 유명해졌다는 점이다.

프레드 호일은 1915년 영국 빙리에서 태어났다. 유명한 과학자들의 어린 시절이 다 그렇듯 호일도 평범하지 않은 어린 시절을 보냈다. 학교보다는 영화관에서 더 많은 것을 배웠다고 강조한 호일은 토머스 골드·허먼 본디와 영화를 보다 영감을 얻어 우주 모형을 하나 만들었는데, 그것이 바로 정상우주론이다. 골드는 수학적 재능이 뛰어나 주로 계산을 했고, 본디는 물리학에 뛰어나 방정식의 물리학적 의미를 찾아내곤 했다. 이들보다 나이가 많았던 호일은 소파에 앉아 이래라저래라 명령을 해댔다.

호일은 우주가 예전이나 지금이나 변함이 없고 앞으로도 이 상태를 계속 유지할 것이라고 주장했다. 그러나 외부은하들이 멀어져 가기 때문에 빈 공간이 늘어난다는 허블의 관측 결과를 인정하지 않을 수 없었다. 이 두 가지 조건을 만족하려면 빈 공간에서 물질이 생겨야 한다. 1949년, 호일은 100억cm^3당 1년에 수소 원자 1개가 생기면 현재 우주의 상태를 그대로 유지할 수 있다는 내용의 논문을 발표했다. 바로 전해에 가모브 팀이 우주배경복사에 관한 논문을 낸 것을 생각하면, 경쟁심에 서둘러 논문을 냈다는 것을 알 수 있다.

그러나 이 논문에는 적잖은 문제들이 있었다. 아주 천천히 조금씩 생기면 된다고 쳐도, 없던 수소 원자가 갑자기 어디에서 튀어나온단 말인가? 더군다나 이들의 생각은 질량과 에너지 보존법칙을 거스르는 것이었다. 호일은 르메트르의 생각을 구체화한 가모브 팀의 연구에서 창조의 냄새가 난다며 아주 싫어했다. 대폭발 이전에 아무것도 없었다면, 그것은 바로 종교에서 말하는 창조라는 것이다. 그러나 창조라는 부분에서라면 호일의 정상우주론도 그렇게 자유롭지는 않았다. 그가 스스로 말한 것처럼, 비어 가는 공간을 채울 물질이 끊임없이 창조되어야 정상 우주가 유지될 수 있기 때문이다. 그러나 호일은 자신의 생각에 창조가 포함되어 있다는 사실을 러시아 과학자들로부터 지적을 받고 나서야 깨달았다.

또 한 가지 문제는 아기 은하에 관한 것이었다. 이들은 엠파이어스테이트 빌딩만 한 공간에 100년에 1개의 수소만 생기면 되고, 이 물질들이 새로운 아기 은하나 아기 우주를 만들 것이라고 예상했다. 그렇다면 아기 은하는 우주 어디에든 생길 수 있고 우리은하 근처에서도 발견되어야만 한다. 그러나 당시 천문학자들은 아기 은하를 단 하나도 발견하지 못했다. 호일의 주장을 증명해 줄 관측 결과가 없었던 것이다. 물론 당시에는 관측 장비가 그다지 좋지 않아 외부은하와 성운을 구별하지도 못할 정도였기 때문에, 희미한 아기 은하를 발견한다는 것은 도저히 생각할 수 없는 일이었다. 호일은 자신들의 이론을 증명할 관측이나 실험 결과가 당장은 나오지 않아도 양자역학이 더 발전하면 이런 문제를 풀어 줄 것이라고 믿었다.

부지런한 호일은 관측 천문학자들이 증거를 찾아 주기만 기다리지는 않았다. 수소 창조를 위해 창조장이라는 새로운 힘의 장을 만들었다. 그리고 이렇게 생각하는 것이 우주가 한 점과도 같은 작은 구역이 폭발과 부푸는 과정을 통해 오늘과 같이 되었다는 역동적인 모형보다는 훨씬 현실적이라고 주장했다. 또 무거운 원소는 별 안에서 만들어진다고 믿었기 때문에, 역동적인 우주 모형에서 주장하는 것처럼 우주 초기에 무거운 원소를 만드는 대폭발이 필요하지 않다고 보았다.

호일은 르메트르의 우주 모형이 진화라는 개념을 품고 있기 때문에 그것을 거의 광적으로 싫어했다. 그는 진화하는 우주 모형에는 하나의 물리법칙을 적용할 수 없다고 생각했다. 무엇보다 시간에 따라 변화한다는 개념 자체를 치를 떨며 싫어했다.

호일의 진화에 대한 과민 반응은 우주론에서만 나타난 것이 아니다. 그는 시조새의 화석이 위조품이라고 떠들고 다녀 물의를 일으켰고, 진화란 '회오리바람이 쓰레기장을 지나가는 동안 쓰레기들이 저절로 움직여 보잉 747을 만든 것과 같다'고 말해 진화라는 개념을 근본적으로 부정했다. 생물의 세계에서 진화가 거의 정설로 받아들여지고 있다는 점을 고려할 때 호일이 이렇게 트집을 잡은 것은 현명한 행동이 아니었다. 그리고 호일의 이런 태도 때문에 안 그래도 적절한 증거를 찾지 못해 표류하던 정상우주론이 설 자리를 잃고 있었다. 이론을 보든 관측 증거를 보든 정상우주론은 벌써 밀리고 있었다.

여기에 호일의 팀은 관측 경험이 전혀 없다는 것도 좋은 인상을 주지 못했다. 이들 중에는 대형 망원경을 다루며 관측 감각을 익힌 사람이 없었는데, 정상우주론에 극렬히 반대하는 사람들 중에는 이 점을 꼬집어 맹렬히 비난하는 이도 있었다. 그 비난이 설득력이 있든 없든 관측을 해 보지 않은 것은 사실이니까 그냥 받아들이면 될 텐데, 본디는 그러지 못했다. 그는 '천문학적 사실이란 사진 건판에 나타난 얼룩일 뿐'이라거나 '배관공이나 우유 짜는 사람이 유체역학을 알겠느냐'고 대응해 정상우주론의 이미지를 더 나쁘게 만들었다.

역동적으로 진화하는 우주 모형과 정상 우주 모형이 이렇게 대립하는 동안 호일과 가모브는 아주 색다른 방법으로 경쟁하고 있었다. 두 사람 모두 과학의 대중화를 위해 힘썼는데, 호일은 과학 교양서를 집필하고 라디오에서 일반인을 위한 과학 방송을 진행했으며 가모브는 하느님과 호일이 등장하는《창세기》와《이상한 나라의 앨리스》패러디로 입자에 관한 소설을 쓰면서 일반인을 위한 과학 강연에 열을 올리고 있었다. 두 사람의 저술, 방송, 강연은 많은 사람의 입에 오르내렸다. 이런 상황에서 호일의 저술 작업과 대중 강연은 어처구니없게도 가모브의 이론을 일반인의 뇌리에 각인하는 데 큰 공을 세운다. 물론 호일이 의도한 바는 아니었을 테지만 말이다.

이야기는 1949년 호일이 BBC에서 제작하는 잡지 《리스너 (Listener)》에 실은 글 한 편에서 시작한다. 과학 대중화에 관심이 많던 호일은 어렵고 복잡한 우주론을 일반인이 쉽게 알아들을 수 있도록 라디오에서 과학 강연을 하고 같은 내용을 《리스너》에 실었다. 거기 실린 글에는 이런 구절이 있다.

"가모브의 이론은 우주의 물질들이 아주 먼 옛날 단 한 번의 '큰 뱅(big bang)'으로 생겼다고 한다……."

큰 뱅 또는 큰 빵, 즉 빅뱅은 학문과 전혀 어울리지 않는 단어다. 호일은 폭발을 뜻하는 다른 단어가 많은데도 비아냥거리는 투로 빅뱅이라는 말을 쓴 것이다. 이듬해에 BBC 라디오 방송에 출연한 호일은 어이없다는 투로 '빅뱅'이라는 말을 거듭 사용했다. 어렵고 복잡한 과학 용어를 싫어하는 일반인에게는 '역동적으로 진화하는 우주 모델'보다는 '빅뱅 이론'이 확실히 더 역동적으로 들렸다. 빅뱅이라는 말만으로도 우주가 폭발로 생기는 이미지가 저절로 떠올랐기 때문이다. 정상우주론자 호일이 본의 아니게 경쟁자들의 이론에 세상에서 가장 멋진 이름을 붙여 주고 만 것이다.

1950년 빅뱅이라는 말이 전파를 탄 이후 우주론은 과학자
들만의 것이 아니라 모든 사람의 것이 되었다. 저 높은 개념의
세계에서 둥둥 떠다니던 과학 전문용어 '우주론'이 '빅뱅'이라
는 새 이름을 달고 땅으로 뚝 떨어져 보통 사람의 언어가 된 것
이다. '빅뱅'의 여파는 시공을 초월해 지금까지 우리 생활에 영
향을 미치고 있다. 인터넷 포털 사이트에 들어가 빅뱅을 검색해
보면, 웹페이지는 아이돌 그룹 빅뱅과 관련 있는 사이트로 도배
된다. 천문학에 대한 뜨거운 애정 때문에 '빅뱅 이론'으로 검색

어를 바꿔 봐도 웹페이지를 장식하는 것은 미국의 인기 시트콤 〈빅뱅 이론〉과 거기 출연하는 배우들의 소개뿐이다. 과학 전문 용어인 빅뱅 이론은 두 번째 페이지 어딘가부터 나온다.

만약 호일이 빅뱅이라는 말을 쓰지 않았다면 아이돌 그룹 빅뱅은 어떤 이름을 갖게 되었을까? 어떤 사건이 양적으로나 질적으로 크게 증가할 때 빅뱅 현상이라는 말을 쓸 수 없다면, 무엇으로 대신해야 할까? '이름'에는 엄청난 힘이 있다. 그 이름을 부른다는 것은 곧 그 이름을 인정한다는 뜻이다. 사람들이 잘 이해하지는 못해도, 한 번도 본 적이 없는 블랙홀이 있다는 것을 믿고 빅뱅이라는 사건이 있었다는 것을 믿는다. 자신도 모르는 사이에 말이다. 빅뱅이라는 멋진 이름은 서로 다른 우주론을 주장하던 싸움 중에 태어났다. 프리드만, 르메트르, 가모브와 앨퍼와 허먼으로 이어지던 '역동적으로 진화하는 우주 모형'은 '빅뱅 우주론'이라는 간단하면서도 멋진 이름으로 사람들의 입에 오르내리게 되었다. 이 이름은 확실히 입에 착 달라붙었다.

15

바데,
우주의 크기를
늘리다

　빅뱅우주론과 정상우주론이 잠시 팽팽한 접전을 벌이는 것 같았지만 곧 빅뱅우주론에 유리한 증거가 하나 추가되었다. 빅뱅우주론에 새로운 증거를 보탠 사람은 미국으로 이주한 독일인 물리학자 발터 바데다. 앞서 등장한 과학자들처럼 바데도 뜻하지 않게 큰 발견을 했다. 물론 그저 운이 좋아서가 아니라 열심히 일하다 생각지도 않은 성과를 올린 것이다. 그는 빅뱅우주론에 유리한 증거를 보태려고 관측을 한 것이 아니라 위대한 허블의 관측 결과를 좀 더 큰 망원경으로 확인하려다 우주의 크기가 예상보다 훨씬 크다는 사실을 알아냈다. 허블의 관측이 틀린 것이다. 우주의 크기가 더 커지자 우주의 나이도 늘어나야만 했다. 이것은 빅뱅우주론에 아주 유리한 증거였다.

당시 정상우주론자들은 허블상수의 역수인 우주의 나이가 겨우 18억 년이라는 것에 불만이 많았다. 방사성동위원소를 이용해 알아낸 지구의 나이는 30억 년이었는데, 지구보다 어린 우주는 생각할 수 없었다. 그런데 바데가 허블의 관측 결과가 틀렸고 우주가 훨씬 더 크며 생각보다 더 늙었다고 주장했다. 이제 그 이야기를 해 보자.

바데는 독일 출신이라서 미국 정부로부터 공산당으로 의심받았다. 미국 정부는 바데가 해가 진 뒤부터 해 뜰 때까지 집 밖에 나가지 못하게 했다. 이것은 천문학자에게 죽으라는 소리와도 같았다. 그때 마침 과학자들이 죄다 원자폭탄 제조 계획인 맨해튼 프로젝트에 동원되어 윌슨산의 후커 망원경은 쉬고 있었고, 전쟁 때문에 등화관제*를 하는 바람에 밤하늘은 어느 때보다 깜깜했다. 바데가 관측하기에 더없이 좋은 환경이었다. 그런데 밤에 나오지 말라니!

밤에 천문대에 못 가면 아무리 깜깜한 하늘과 좋은 망원경

✦ 적의 야간 공습 시, 또는 그런 때에 대비하여 일정한 지역에서 등불을 모두 가리거나 끄게 하는 일.

이 있다 한들 무슨 소용이 있을까? 바데는 끈질기게 정부를 설득했다. 그 결과 윌슨산에서 마음대로 관측할 수 있게 되었다.

바데는 안드로메다은하 사진을 집중적으로 찍었다. 허블과 바데를 포함해 당시 관측천문학자들은 왜 안드로메다은하에 집착했을까? 안드로메다은하는 우리은하와 가장 가까운 외부은하다. 물론 소마젤란은하와 대마젤란은하도 외부은하지만, 이 은하들은 우리은하에 많이 먹힌 상태라 모양이 온전하지 않고, 이제는 거의 우리은하의 일부라고 보는 것이 옳을지도 모르겠다. 그런데 안드로메다은하는 온전한 나선은하의 모습을 가진 가장 가까운 은하인 데다 맨눈으로 볼 수 있을 정도로 밝은 외부은하다. 그러니 천문학자들에게 이보다 더 좋은 관측 대상은 없다.

안드로메다은하를 열심히 관측하던 바데는 은하 중심부에 모여 있는 별들과 은하 가장자리인 나선팔 부근에 있는 별들에게는 서로 다른 특징이 있다는 것을 알게 되었다.

안드로메다은하의 나선팔 부근에 있는 별들은 밝고 푸른 것들이 많았고, 나이는 이제 막 태어난 젊은 것에서부터 100억 년이 된 것까지 아주 다양했다. 이들은 태양과 비슷한 점이 많았다. 태양처럼 나선팔에 머물러 있었고, 화학 조성도 태양과 비슷했다. 바데는 은하의 나선팔에서 볼 수 있는 이 별들을 종족 I이라고 불렀다.

안드로메다은하

우리의 가장 가까운 이웃 은하는 안드로메다은하다. 우리은하처럼 나선팔을 가지고 있다. 바데는 안드로메다운하의 중심부에는 중금속이 적은 나이 많은 별들이 있고, 나선팔 부근에는 중금속이 많은 젊은 별이 많다는 사실을 알았다. 태양도 우리은하의 나선팔에 있으면서 중금속 함량이 높다. 안드로메다은하든 우리은하든 나선팔에 있으면서 중금속이 많은 별을 종족Ⅰ, 은하 중심부에 있으면서 중금속이 적은 늙은 별을 종족Ⅱ라고 부른다. 별은 중금속 함량에 따라 진화 과정이 다르다. 바데는 거문고자리 RR형 변광성을 보려고 안드로메다은하를 관측했는데 변광성은 보지 못하고 별이 두 종족으로 나뉜다는 사실을 알게 되었다.

안드로메다은하 중심부에는 밝게 빛나는 둥근 공 모양으로 부푼 곳이 있는데, 이를 팽대부라고 한다. 우리은하도 멀리서 보면 가운데가 부푼 팽대부가 눈에 띌 것이다. 바데는 안드로메다은하의 팽대부에 있는 별들은 태어난 지 130억 년쯤 된 늙은 별들로 종족 I별보다 중금속을 적게 가지고 있다는 사실을 알아냈다. 나선팔을 가진 은하에는 은하의 중심을 위아래로 도는 별 무리인 구상성단이 있는데, 안드로메다은하의 구상성단에 속한 별들도 모두 늙은 별이었다. 바데는 이 늙은 별들을 종족 II라고 불렀다. 다 똑같아 보이는 별을 중금속이 많은 종족 I별과 중금속이 적은 종족 II별로 나눌 수 있다는 사실을 알아낸 것은 그야말로 대발견이었다. 별의 몸에 중금속이 얼마나 들어 있느냐에 따라 별의 인생이 달라지기 때문이다. 사람마다 다른 인생을 사는 것처럼 별마다 나름대로 삶이 있다. 바데는 그 다양한 별 가운데 죽기 일보 직전에 사력을 다해 깜빡이는 별에 관심을 두었다. 그것은 바로 안드로메다은하와 우리은하에 있는 '거문고자리 RR형 변광성'이었다.

우리는 세페이드변광성에 대해 알아본 적이 있다. 별이 늙어서 더 태울 것이 없으면 제 몸을 수축시켜 열을 올린다. 그 열로 꺼져 가는 불이 다시 붙긴 하지만 그 열기를 이기지 못해 거죽이 늘어난다. 그러나 제 몸이 식으면 또다시 수축해 불을 붙이고 그 열기에 다시 몸이 부풀기를 반복하는 변덕스러운 별이 세페이드변광성이다. 원래 밝은 별은 변광주기가 길고 태어나기를 어둡게 태어난 별은 변광주기가 짧다. 이 관계를 이용해 별까지의 상대적인 거리를 알아낸 것이 레빗의 업적이었다.

변광성을 연구하던 천문학자들은 거문고자리에 있는 RR별도 변광성이라는 사실을 알아냈다. 그러나 이 변광성은 세페이드변광성으로 분류하기에는 너무 어둡고 변광주기도 짧았다. 그러나 변광의 유형을 보면, 이것은 일생의 마지막을 맞은 별이 안간힘을 쓰며 제 몸을 데우려고 애쓰는 세페이드변광성과 근본적으로 같았다. 결국 천문학자들은 세페이드변광성보다 어둡고 변광주기가 짧은 이 변광성을 '거문고자리 RR형 변광성'이라고 불렀다. 바데가 등화관제 시기에 관측한 것이 우리은하 안에 있는 '거문고자리 RR형 변광성'이다.

그런데 왜 등화관제로 하늘이 깜깜할 때 더 멀리 있는 안드로메다은하의 변광성을 관측하지 않고, 우리은하 안에 가까이 있는 변광성을 관측한 걸까? 나름의 이유가 있었다. 거문고자리 RR형 변광성은 너무 어두워서 우리은하에 있는 것은 관측할 수 있어도 안드로메다은하에 있는 것은 관측할 수가 없다. 아무리 등화관제 시기라도 안 보이기 때문이다. 그럼 바데는 도대체 뭘 바라고 그 어두운 변광성을 관측했을까? 바데가 깜깜한 하늘에서 변광성이 변덕을 부리는 시간을 재면서 기다린 것은 후커 망원경보다 더 큰 망원경의 완성이다. 후커 망원경보다 2배나 더 큰 지름 5m짜리 망원경이 팔로마산에서 완성되어 가고 있었다. 그것이라면 안드로메다은하의 어두운 RR형 변광성도 얼마든지 관측할 수 있었다. 바데는 우리은하 안의 RR형 변광성의 밝기를 꾸준히 관찰하며 그 망원경의 완성을 기다리고 있었던 것이다.

우리는 지금까지 허블의 업적과 바데의 관측에 대해 알아볼 때마다 윌슨산천문대에 있는 후커 망원경을 이용했다는 이야기를 했다. 이쯤에서 인간의 시력을 대신해 어두운 우주를 바라보는 데 없어서는 안 될 망원경에 관해 간단히 이야기하고 넘어가자. 윌슨산천문대에 있는 지름 2.5m짜리 후커 망원경은 누가 만들었을까? 미국 정부가 우주가 팽창하고 있는지, 늘 그대로인지를 궁금하게 여겨 국민들이 낸 세금으로 망원경을 만들었을까? 아니다. 윌슨산천문대에 있는 망원경과 팔로마산천문대에 있는 망원경은 사업가 조지 헤일이 아니었으면 만들지 못했을 것이다.

헤일은 어려서부터 현미경이나 망원경같이 렌즈가 달린 기구에 열광했다. 그에게는 세상에서 가장 큰 망원경을 만들고 싶은 열망이 있었고, 다행히 사업가들을 설득해 망원경을 만드는 데 돈을 내게 하는 재주도 있었다. 헤일이 첫 번째 목표로 삼은 사람은 사기죄로 사업가들 사이에서 따돌림을 당하고 있던 찰스 여키스였다. 여키스는 망원경 사업에 돈을 대면 다시 사교계로 돌아갈 수 있다는 헤일의 꾐에 넘어가 돈을 댔고, 그 결과 시카고대학에 여키스천문대가 생길 수 있었다. 그러나 헤일의 꾐과 달리 여키스는 사업가들의 세계로 돌아갈 수 없었다. 사람들이 그를 사기꾼으로 낙인찍고 사교계에 끼워 주지 않았기 때문이다. 여키스 다음에는 카네기재단에서 돈을 얻어 캘리포니아 패서디나 옆에 있는 윌슨산에 지름 1.5m짜리 망원경을 만들었다. 그리고 그다음으로는 로스앤젤레스에서 사업에 성공한 존 후커를 구슬려 윌슨산에 지름 2.5m짜리 망원경을 만들 돈을 기부하게 했다. 그렇게 만든 것이 허블을 세계적인 천문학자로 만든 후커 망원경이다.

헤일의 망원경에 대한 집착은 여기서 끝나지 않았다. 그는 록펠러재단에 현재 윌슨산에 있는 후커 망원경은 렌즈에 결함이 있어서 우주를 더 자세히 볼 수 없다며 더 크고 정교한 망원경을 만드는 데 기금을 대라고 끈질기게 설득했고, 결국 성공해 돈을 받을 수 있었다. 그러나 그 무렵 헤일은 더 크고 완벽한 망원경에 대한 열망이 지나쳐 정신과 병원을 드나드는 상황이었고 건강도 몹시 좋지 않았다. 그는 팔로마산에 지름 5m짜리 망원경이 완성되는 것을 보지 못하고 세상을 떠나고 말았다. 천문학자들 중에는 팔로마산 망원경이 완성되기만을 손꼽아 기다리는 사람들이 많았고, 망원경은 마침내 완성되었다.

거문고자리 RR형 변광성에 관해서라면 가장 많은 지식을 가지고 있었던 바데는, 이 망원경이 완성되기만을 학수고대하고 있었다. 그 정도 망원경이라면 안드로메다은하에 있는 희미한 거문고자리 RR형 변광성을 볼 수 있으리라. 1948년 6월 3일, 드디어 팔로마산천문대가 완성되었다. 지구상에서 가장 큰 망원경이 완성되었다는 소식에 사회 여러 분야의 유명 인사들이 준공식에 참석했다. 그 자리에 참석한 사람 중 몇이나 그 망원경이 지구인의 우주관을 완전히 바꾸어 놓을 것이라고 예상했을까? 사람들은 우주에는 별 관심이 없었고, 그 망원경이 우주 전쟁에 쓰일 것이라는 어이없는 소리만 해 댔다. 사람들이 이렇게 엉뚱한 생각을 하는 것이 바데에게는 오히려 다행이었다.

바데는 100m 달리기 출발선에 있는 것과 같은 준비 자세를 하고 있었다. 천문대가 문을 열자마자 그는 누구보다 먼저 망원경을 쓸 수 있는 시간을 얻었고, 곧바로 망원경 머리를 안드로메다은하로 돌려 가장 좋은 건판으로 사진을 찍기 시작했다. 곧 이 외부은하에 있는 희미한 변광성이 모습을 드러낼 것이다. 거문고자리 RR형 변광성도 세페이드변광성처럼 상대적인 거리를 구하는 척도로 쓰일 수 있었다. 바데는 변광성을 찾아내서 허

팔로마산천문대

팔로마산천문대 시대가 왔다. 부지 선정에서부터 천문대 설계, 망원경 제작까지 20년이나 걸린 팔로마산천문대에는 1948년 완공 당시 가장 큰 규모였던 지름 5m짜리 헤일 망원경이 있었다. 오늘날 천문학자들이 우주 망원경이나 지름 10m급 망원경을 쓰고 싶어 하는 것처럼, 당시 천문학자들은 누구나 팔로마산천문대에 있는 헤일 망원경을 쓰고 싶어 했다.

블이 계산한 안드로메다은하까지의 거리가 맞는지 확인만 하면 된다.

그러나 일은 생각대로 되지 않았다. 한 달 넘게 열심히 사진을 찍었지만, 안드로메다은하에서는 거문고자리 RR형 변광성이 발견되지 않았다. 정말 이상한 일이었다. 그 변광성은 반드시 발견되어야만 했다. 바데는 RR형 변광성의 밝기에 대해서라면 누구보다 정확히 알고 있었고, 지름 5m 망원경의 성능도 정확히 알려져 있었다. 하지만 아무리 열심히 사진 건판을 들여다보아도 안드로메다은하에서 거문고자리 RR형 변광성을 찾을 수 없었다.

어떻게 이런 일이 생길 수 있을까? 바데는 곰곰이 생각했다. 가능성은 두 가지였다. 우선 안드로메다은하에는 거문고자리 RR형 변광성이 하나도 없다고 생각할 수 있다. 그러나 이것은 불가능하다. 이런 유형의 변광성이 될 별은 이 우주에 많고 많다. 그런 평범한 별이 안드로메다은하에는 하나도 없다고 보는 것, 그것이 오히려 이상한 가정이다. 가능성이 높은 두 번째 가정은 안드로메다은하가 허블이 계산한 것보다 훨씬 더 먼 곳에 있다고 보는 것이다. 허블이 계산한 90만 광년이 아니라 그보다 더 먼 곳에 이 외부은하가 있다면, 희미한 변광성은 우리 눈에 보이지 않을 수도 있다. 바데는 고민 끝에 허블이 안드로메다은하까지의 거리를 잘못 계산했다는 결론을 내렸다.

안드로메다은하까지의 거리가 90만 광년이라는 결과는 당시 관측을 가장 정확하게 하기로 이름난 허블의 관측 결과였다. 허블은 자타가 공인하는 관측의 달인이었다. 실제로 허블은 1929년 외부은하가 우리로부터 멀어져 가고 있다는 관측 결과가 우주론에 던진 풍파에는 전혀 관심이 없었다. 그는 우주가 팽창한다고 보든 그대로라고 보든 논쟁에는 한마디도 보태지 않았다. 그는 오직 하나, 자신의 관측이 아무런 허점 없이 완벽한 것이었는가에 관심을 두었다. 게다가 허블은 아주 인기 있는 천문학자였고, 아무도 그의 관측 결과에 토를 달 수 없을 만큼 높은 곳에 있었다. 이런 상황이 바데의 동료들이 몸을 사리게 했다. 만약 바데의 추측이 틀리다면, 바데와 공동 연구자들은 천문학계에서 버티기 힘들 것이다.

그러나 그런 일은 벌어지지 않았다. 바데의 추측이 맞았기 때문이다. 그렇다면 관측의 황제인 허블이 무엇을 잘못했을까?

등화관제 시기에 바데가 별을 두 종족으로 분류한 사실을 기억할 것이다. 중금속이 적고 나이가 많은 종족 II별과 중금속이 많고 비교적 젊은 종족 I별은 나이가 들어 죽기 직전이 되면 각기 다른 양상을 보인다. 이 별들이 모두 늙으면 변광성이 되는데, 종족 I별은 종족 II별보다 훨씬 밝고 변광주기가 길다. 바데는 정밀한 관측을 통해 종족 I 세페이드변광성이 종족 II 세페이드변광성보다 평균 4배 밝은 것을 알아냈다. 세페이드변광성이라고 해서 다 같은 것이 아니었던 것이다.

바데가 이 관계를 알아내기 전까지 천문학자들이 알고 있던 것은 종족 II 세페이드변광성의 주기와 밝기 관계였다. 따라서 허블은 안드로메다에서 발견한 세페이드변광성이 종족 II별이라고 생각했다. 그러나 허블이 발견한 세페이드변광성은 은하 중심의 팽대부가 아니라 안도르메다은하의 나선팔에서 발견된 종족 I별이었다. 허블이 발견한 세페이드변광성은 당시 천문학자들이 생각한 것보다 4배나 밝은 별이었다. 별빛은 2배 멀어지면 그 제곱인 4배만큼 어두워진다. 안드로메다은하는 허블이 측정한 것보다 2배나 멀리 있었다. 그래서 바데는 거문고자리 RR형 변광성을 볼 수 없었던 것이다.

안드로메다은하까지의 거리가 달라졌다는 것은 천문학에서 또 다른 아주 중요한 의미가 있었다. 우리은하와 가장 가까이 있으면서 가장 밝게 보이는 이 외부은하는 모든 외부은하의 거리를 재는 척도로 쓰였다. 어떤 외부은하가 안드로메다은하보다 4배 어둡다면, 그 외부은하는 안드로메다은하보다 2배 먼 곳에 있는 것이다. 같은 방법으로 외부은하가 안드로메다은하보다 9배 어둡다면 3배 먼 곳에 있다는 말이다. 자, 이제 무슨 말을 하려는지 짐작할 것이다. 그렇다. 안드로메다은하의 거리가 2배 늘어났다는 것은 다른 외부은하들도 모두 2배씩 멀리 물러난다는 뜻이다.

우주가 갑자기 2배로 커졌다. 물론 진짜로 커진 것이 아니라 인간이 우주를 그렇게 인식했다는 뜻이다. 우주가 2배로 커졌으니 시계를 거꾸로 돌려 외부은하들을 한 점에 모으려면 허블이 생각한 것보다 2배나 긴 시간이 필요하다. 우주의 나이가 18억 년에서 36억 년으로 늘어났다. 우주의 나이가 지구의 나이 30억 년보다 많았으니, 아무도 지구보다 우주가 젊다고 투덜댈수 없게 되었다.

1952년 로마에서 열린 국제천문학회에서 바데는 우주의 거리가 허블이 측정한 것보다 2배나 커졌으며 우주의 나이도 2배로 늘어났다는 사실을 발표했다. 역설적으로 이 학회에서 바데의 발표를 기록한 사람이 호일이다. 호일은 바데가 발견한 사실이 빅뱅우주론에 유리한 증거를 하나 추가했다는 것을 알았다. 바데의 논문에 호일보다 더 큰 충격을 받은 사람은 허블이다. 허블은 자신만만한 관측천문학자였고 자신의 관측이 한 치의 오차도 없다고 굳게 믿고 있었다. 물론 그의 관측에는 아무런 문제가 없었다. 다만 세페이드변광성은 두 종류가 있다는 것을 몰랐을 뿐이다. 그러나 이유야 어찌되었든 허블은 기분이 나빴다. 그리고 그는 바데의 관측 증거가 빅뱅우주론에 날개를 하나 더 달아 주었는지에 대해서는 여전히 아무런 관심이 없었다.

우주의 크기와 우주의 나이는 새로운 관측 사실이 나오면 언제든지 바뀔 수 있다. 과학은 항상 진보하는 것이다. 여러 가지 이론과 그것을 뒷받침하는 증거들이 쌓이면, 어느 순간 옛것은 진실이 아닌 것이 되고 새로운 사실이 진실이 되기도 한다. 그러나 그 진실도 엄밀히 말하면 진실이 아니다. 그것은 언제든 바뀔 수 있다.

바데가 1952년에 발표한 우주의 크기와 나이는 3년 후 또 바뀌었다. 크기는 더 커지고 나이는 더 늘었다. 우주의 크기는 바데의 학생이던 앨런 샌디지가 키웠다. 당시 천문학자들은 세페이드변광성 말고 또 다른 우주의 촛불을 찾고 있었다. 다른 촛불이 있다면 검증하는 도구로 쓸 수 있고, 무엇보다 아주 먼 외부은하의 거리를 재려면 더 밝은 촛불이 필요했기 때문이다. 그래서 생각해 낸 것이 각 은하에서 가장 밝은 별의 밝기를 재는 것이었다. 우리은하나 외부은하나 가장 밝은 톱스타는 밝기가 같다고 생각했다. 따라서 외부은하에 있는 톱스타가 얼마나 어두워졌는지를 측정하면 얼마나 멀리 있는지도 알 수 있다는 것이다. 어떻게 보면 참 무식한 방법인데, 더 나은 방법이 없었으니 뭐라고 할 말이 없었다. 하지만 천문학자들도 이 방법으로 외부은하까지의 거리를 정확하게 잴 수 없다는 것은 알고 있었다.

샌디지는 관측을 하다 이 방법에 문제가 있다는 것을 알았다. 외부은하 사진에서 가장 밝은 별이라고 생각한 것이 실제로는 별이 아니었기 때문이다. 그것은 질량이 아주 큰 젊은 별들을 둘러싼 수소 구름이었다. 천문학자들이 H II 영역이라고 부르는 이 수소 구름은 근처의 별빛으로 데워져 온도는 1만K나 되고 수소 원자핵과 함께해야 할 전자들이 모조리 떨어져 나간 것이었다. 이 뜨거운 수소 구름은 보통 별보다 덩어리가 훨씬 크고 더 밝았다. 천문학자들이 그때까지 그런 커다란 수소 덩어리를 별이라고 가정하고 외부은하까지의 거리를 잰 것이다. H II 영역이 보통 별보다 훨씬 밝은데 그렇게 어둡게 보였다면 외부은하까지의 거리는 훨씬 더 멀어져야 한다. 결국 샌디지는 몇 단계를 거치는 복잡한 방법으로 외부은하까지 거리를 재는 방법을 만들어 냈고, 1955년에 우주의 크기는 더욱 커지고 우주의 나이는 다시 55억 년으로 늘어났다.

이제 천문학자들은 우주의 크기와 나이가 고무줄 같다는 것을 자연스럽게 받아들이면서 과연 우주가 얼마나 더 커질지 기대하게 되었다. 관측 장비가 정밀해지고 망원경이 커질수록 우주의 크기와 나이는 커지고 늘어날 것이 확실했기 때문이다. 빅뱅우주론에 유리한 증거가 하나 더 늘었다.

16

파울러,
무거운 원소의
제조법을
알아내다

1950년대에는 사람들이 우주가 생각보다 엄청나게 클 뿐
아니라 이유는 몰라도 자꾸 팽창하고 있다는 관측 증거를 사실
로 받아들이고 있었다. 이 우주에서는 도대체 무슨 일이 벌어지
고 있을까? 사람들 대부분은 땅에서 벌어지는 일에 관심이 많
지, 우주에서 무슨 일이 벌어지는지는 별 관심이 없었다. 극소수
인 우주론자라는 과학자들만 우주의 과거와 미래에 관심이 있
었을 뿐이다. 그들은 우주의 크기에 견준다면 한 점이나 다름없
는 곳에서 우주가 폭발과 함께 시작했다는 빅뱅우주론자와, 우
주가 팽창하고 있는 것은 맞지만 빈 곳에 물질이 자꾸 생겨 결

국은 예전이나 지금이나 똑같고 앞으로도 변함이 없을 것이라는 정상우주론자로 나뉘어 설전을 벌이고 있었다.

두 우주론이 모두 완벽한 관측 증거를 갖지는 못했고 공통의 문제도 있었다. 그 문제란 헬륨보다 무거운 원소가 어디에서 생겼는지 아직도 설명하지 못한다는 것이다. 앨퍼와 허먼은 이 문제를 해결하려다 뜻하지 않게 우주배경복사가 있을 것이라는 중요한 예언을 하고 천문학계를 떠났다. 하지만 우주배경복사를 찾았다는 사람은 없었고, 빅뱅이 무거운 원소를 만들어 줄 것이라고 기대했지만 수소와 헬륨을 만드는 이론을 완성시켰을 뿐 헬륨보다 무거운 원소는 만들지 못했다. 정상우주론자인 호일도 외부은하 사이사이에서 수소가 생기고 아기 은하가 생길 것이라고 예상했지만 아무도 아기 은하를 찾지 못했다. 호일은 빅뱅 우주론을 누르고 정상우주론이 새로운 패러다임이 되길 바랐기 때문에 무거운 원소 만드는 방법을 알아내는 데 온 신경을 집중했다.

앞에서 수소가 융합해 헬륨이 되는 과정은 두 가지가 있다고 했다. 하나는 중수소를 이용한 방법이고, 다른 하나는 탄소를 헬륨 제조 공장으로 쓰는 방법이다. 이 우주에서 중수소가 아주 드물게 발견된다는 점을 생각하면, 별에서 탄소를 이용해 헬륨을 만드는 방법이 대세를 이룰 것이다. 문제는, 헬륨 3개를 융합해 탄소를 만들 방법을 찾을 수 없다는 것이었다. 탄소는 태양이 만들어지기 전부터 우주에 있어야 한다. 빅뱅우주론자들은 빅뱅이 탄소를 만들어 주었다고 생각했지만, 불행하게도 구체적인 방법을 제시할 수 없었다. 호일은 탄소가 빅뱅으로 만들어지지 않고 우주 초기에 태어난 1세대 별들의 몸에서 만들어진 뒤 그 별들이 죽을 때 우주로 뿌려졌다고 생각했다. 문제는 역시 '어떻게'였다.

탄소는 양성자 6개와 중성자 6개로 이루어져 있다. 계산상으로는 양성자 2개와 중성자 2개로 된 헬륨 3개가 만나면 탄소가 생긴다. 그러나 헬륨 3개가 1억K가 넘는 별의 몸속에서 동시에 만나기란 거의 불가능하다. 그렇다면 방법은 헬륨 2개가 먼저 만나 베릴륨-8이 되고, 그것이 헬륨을 만나는 것이다. 베릴륨은 지구상에서는 원자가가 9인 금속으로 충격에 아주 강해서 골프채 머리 부분을 만드는 데 많이 쓰인다. 그러나 1억K가 넘는 별에서 만들어진 베릴륨-8은 너무나 불안정한 원자핵이라 수천조분의 1초밖에 살지 못해서 불행하게도 골프채 머리가 될 수 없다. 아주 짧은 시간밖에 살 수 없는 베릴륨-8이 탄소가 되려면 만들어지자마자 다른 헬륨을 만나야 한다. 이렇게 생긴 탄소 핵은 우리가 알고 있는 탄소 핵보다 조금 무겁다. 그러니 온전한 탄소로 거듭나려면 질량의 일부를 빛과 에너지로 토해 내야 한다. 그것도 아주 빨리! 그러나 빛을 토해 내기도 전에 새로 생긴 탄소 원자핵은 깨져 버린다. 베릴륨-8의 너무 짧은 수명 때문에 깨져 버리는 것이다. 참 어지간히도 참을성이 없는 원자 핵이다. 빅뱅 이론의 중심인물 가운데 하나였던 가모브는 베릴 륨-8의 이런 성격 때문에 빅뱅 당시 탄소가 만들어지는 것을 설명할 수 없었다.

호일은 이 문제로 머리를 감싸며 고민하고 있었다. 그러던 어느 날 이 세상이 이렇게 버젓이 존재하는 이유는 별의 몸속에서 탄소가 분명히 만들어졌기 때문이고, 그러려면 베릴륨-8은 깨지기 전에 어떤 방법으로든 탄소가 만들어지는 데 공헌해야 한다고 되뇌며 스스로 이해하려고 애썼다. 원자핵물리학자들은 그런 일이 불가능하다고 말하지만, 그것은 반드시 일어나야만 하는 일이었다. 그래야 우리가 이 순간 이 자리에 있을 수 있다. 탄소가 없다면 별이 만들어질 수 없고 생명체도 생길 수 없다. 그러니 베릴륨-8은 헬륨 하나를 받아서 무조건 탄소가 되어야 한다!

생각이 여기에 이르자 호일은 탄소가 만들어지는 곳은 지구와 같은 환경이 아니라 펄펄 끓는 별의 내부라는 사실에 눈이 번쩍 뜨였다. 만약 1억K가 넘는 별의 몸속이라면 베릴륨-8과 헬륨이 만나 탄소 핵이 만들어져도 깨지지 않고 버틸 수 있을지도 모른다. 주변이 너무 뜨겁고 압력이 높아서, 갓 태어난 탄소 원자핵은 불필요한 질량을 빛으로 토해 낸 뒤에도 들뜬 상태대로 존재할 수 있지 않을까? 호일은 이런 가정 아래 정밀한 계산을 했다. 그리고 우리가 잘 아는 안정한 탄소 원자핵보다 정확히 7.65MV(메가볼트)를 더 가진 흥분한 탄소 원자핵이 있다고 예상했다. 남은 것은, 이런 들뜬 탄소가 정말 있다고 실험으로 증명할 만큼 유능한 원자핵물리학자를 찾는 일이었다. 이런 일에는 당시 최고의 원자핵물리학자인 윌리엄 파울러가 '딱'이었다.

마침 호일은 안식년인 1953년을 보내려고 캘리포니아공과대학에 갔는데, 그곳에 원자물리학 실험을 가장 잘 설계하기로 정평이 난 세계적 원자핵물리학자 파울러가 있었다. 호일은 다짜고짜 파울러를 찾아가 7.65MV 들떠 있는 탄소 원자핵이 분명히 있으니 그것을 찾아보라고 했다. 파울러는 어이가 없었다. 파울러가 보기에 호일의 계산은 정밀하지도 않았고, 진행 중인 다른 연구 과제도 있었다. 무엇보다 파울러는 아무나 찾아가 부탁하는 실험을 할 만큼 한가한 과학자가 아니었다. 누구라도 그랬겠지만 파울러는 퉁명스럽게 호일을 대했다. 그러나 호일은 끈질기게 파울러를 설득했다. 호일은 파울러 팀의 실력이라면 들뜬 탄소를 곧 찾아낼 수 있을 것이며, 찾지 못한다 해도 그것 때문에 며칠 밀린 일은 얼마 안 가 끝낼 수 있을 것이라고 아부를

섞어 가며 구슬렸다. 또 만약 들뜬 탄소 핵을 찾아낸다면, 그것
은 일생일대의 업적이 될 것이라고 강조했다. 라디오 방송 진행
과 대중 강연을 오랫동안 한 호일의 말솜씨 덕분이었을까? 파울
러는 넘어갔다.

　　파울러 팀은 탄소-12를 놓고 정밀한 분석 작업에 들어갔
다. 그리고 열흘쯤 흘렀을 때 그들은 정확히 7.65MV 들뜬 에너
지를 가진 탄소 원자핵을 확인하고야 말았다. 정말 놀라운 일이

었다. 호일이 머리를 쥐어뜯으며 생각한 일이 정말로 저 하늘의
별 속에서 벌어지고 있었던 것이다.

호일의 들뜬 탄소 핵 발견은 우주에 있는 탄소들이 어떻게
생겼는지를 잘 설명해 주었다. 빅뱅우주론에 따라 우주에는 수
소와 헬륨이 생겼다. 이 이론은 현재 우주에 있는 수소와 헬륨
의 양을 정확히 맞추었으니까 틀림없이 사실이다. 수소와 헬륨
을 주원료로 해서 태어난 1세대 별 안에서 들뜬 상태의 탄소 원
자핵을 만들었다. 우주에는 수많은 1세대 별이 있었고, 지금 관
측할 수 있는 양만큼 탄소를 만들었다. 그리고 그 별들이 폭발
을 일으키며 죽자 탄소가 온 우주에 퍼졌다. 이번에는 2세대 별
이 태어날 차례다. 이 별들은 1세대 별과 재료부터 다르다. 2세
대 별들은 태어날 때부터 탄소를 가지고 있다. 그래서 전 세대와
는 전혀 다른 삶을 살게 될 것이다.

호일의 발견 덕분에 우주의 진화 시나리오가 더욱 매끄럽
게 풀렸다. 그러나 이것이 호일이 이끄는 정상우주론을 뒷받침
하는 증거가 되지는 못했다. 결과는 오히려 반대였다. 우주의 진
화 시나리오는 빅뱅으로 수소와 헬륨이 생긴 것에서 시작한다.
호일이 발견한 탄소도 중요하지만 첫 단추가 더 중요했다. 들뜬
탄소 원자핵 이야기가 시나리오에 보태지면서 우주의 진화가
더 매끄럽게 설명되었다는 것은, 빅뱅이 사실에 가까운 이론이

라는 것을 뜻하기도 한다. 반면, 정상우주론자들은 현재 관측되는 수소와 헬륨의 양을 만족스럽게 설명하지 못했다. 결국 호일은 빅뱅우주론에 유리한 증거를 보태 주고 말았지만, 빅뱅우주론을 도울 마음은 눈곱만큼도 없었다.

호일의 연구는 여기에서 그치지 않았다. 그는 그 뒤로 10년 동안 별 속에서 탄소를 포함한 무거운 원소를 만드는 수많은 단계에 대해 연구하고 수정하는 작업을 이어 갔다. 그의 연구에는 버비지 부부와 파울러처럼 유명한 원자핵물리학자들이 참여했고, 그 결과 1957년에 〈별의 원소 합성(Synthesis of the Elements in Stars)〉이라는 논문이 발표되었다. 이 논문은 저자들 이름의 머리글자를 따서 만든 'B^{2}FH(Burbidge2-Fowler-Hoyle)' 논문으로 더 잘 알려졌다. 이 논문은 원래 제목에서 알 수 있듯이 커다란 별이 태어나 초신성으로 일생을 마무리하는 과정에서 온갖 무거운 원소가 다 만들어진다는 내용을 담고 있다. 결국 밤하늘에 빛나는 별은 수소와 헬륨을 재료로 각종 원소들을 요리해 내는 부엌이었다. 이 논문은 삼라만상이 어떻게 생길 수 있었는가 하는 근본적인 물음에 답을 주는 전설 같은 논문이 되었다. 별들이 없었으면 우리는 여기 없다. 우리는 모두 별의 부스러기이자 자식인 셈이다.

파울러는 이 논문 덕에 1983년 노벨상을 받았다. 그러나 아이디어를 내고 주도적으로 연구를 이끈 호일은 노벨상을 받지 못했다. 왜일까? 아마도 불의를 보고 참지 못하는 그의 성격이 한몫했으리라고 보는 사람들이 많다. 호일은 1974년 펄서[+]를 발견한 공로로 두 남성 과학자가 노벨상을 받을 때 정작 펄서를 발견한 여성 천문학자 조슬린 벨이 수상자 명단에서 빠진 것을 보고 노벨위원회에 쓴소리를 한 적이 있다. 사람들은 호일이 노벨상 수상자 명단에서 빠진 건 이 사건 때문이라고 쑥덕였다.

[+] 강한 자기장을 가지고 고속 회전을 하며, 주기적으로 전파나 엑스선을 방출하는 천체.

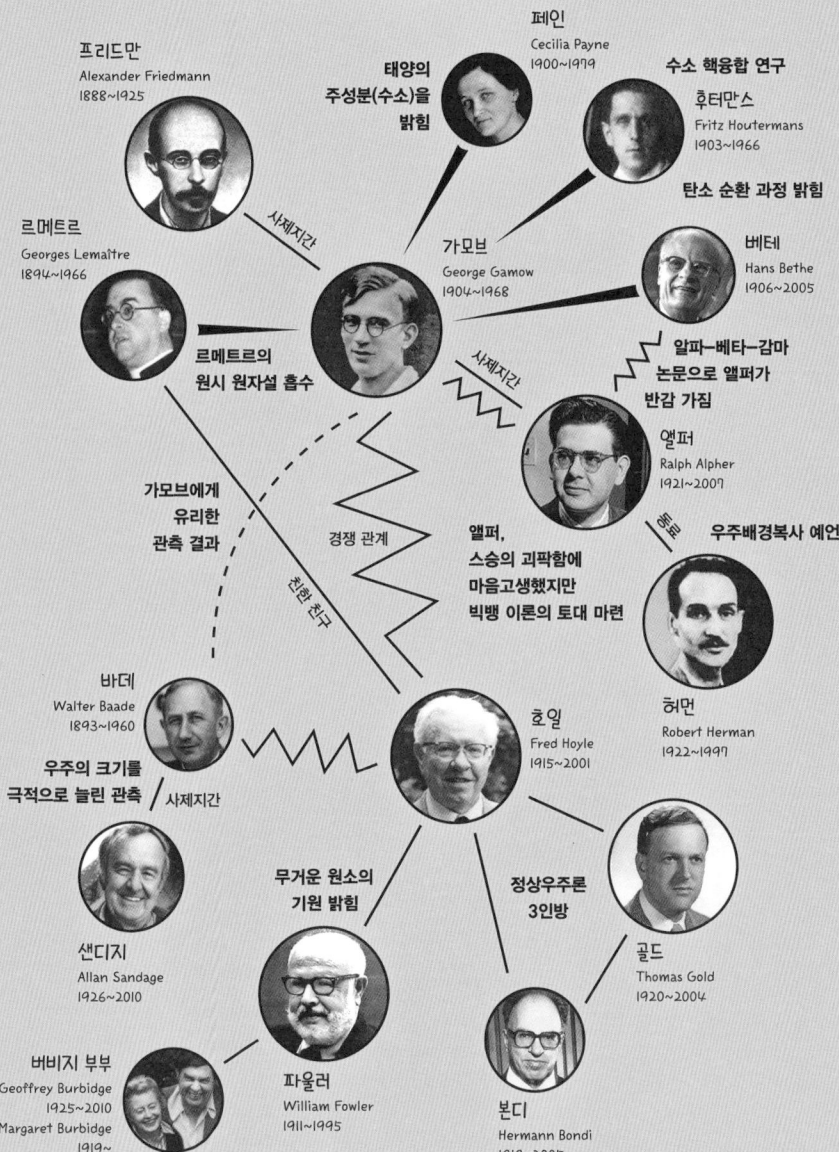

2G 우주론 계보도

프리드만
Alexander Friedmann
1888~1925

페인
Cecilia Payne
1900~1979

태양의 주성분(수소)을 밝힘

수소 핵융합 연구
후터만스
Fritz Houtermans
1903~1966

탄소 순환 과정 밝힘

르메트르
Georges Lemaître
1894~1966

사제지간

가모브
George Gamow
1904~1968

베테
Hans Bethe
1906~2005

르메트르의 원시 원자설 흡수

사제지간

알파-베타-감마 논문으로 앨퍼가 반감 가짐

앨퍼
Ralph Alpher
1921~2007

가모브에게 유리한 관측 결과

경쟁 관계

앨퍼, 스승의 괴팍함에 마음고생했지만 빅뱅 이론의 토대 마련

예측

우주배경복사 예언

친한 친구

바데
Walter Baade
1893~1960

호일
Fred Hoyle
1915~2001

허먼
Robert Herman
1922~1997

우주의 크기를 극적으로 늘린 관측

사제지간

무거운 원소의 기원 밝힘

정상우주론 3인방

골드
Thomas Gold
1920~2004

샌디지
Allan Sandage
1926~2010

버비지 부부
Geoffrey Burbidge
1925~2010
Margaret Burbidge
1919~

파울러
William Fowler
1911~1995

본디
Hermann Bondi
1919~2005

3G

우주배경복사의
발견

두 차례에 걸친 세계대전과 통신 산업의 발달로 전파 과학이 발전했다. 잰스키는 전파에 관한 지식을 천문학에 결합해 전파천문학이라는 새 학문을 만들었다. 그 뒤 윌슨과 펜지어스는 앨퍼와 허먼이 부르짖던 우주배경복사를 찾아 빅뱅 이론이 사실일 확률을 크게 높여 주었다.

한편, 영국에서는 정상우주론자인 골드와 케임브리지 전파원 탐사대 대장이던 라일 사이에 한바탕 복수극이 벌어지고 있었다. 케임브리지 전파원 탐사대 대장 자리를 놓고 시작된 두 사람의 감정 대립은 강력한 전파원 시그너스 A의 위치에 대한 의견 대립, 퀘이사에 대한 의견 대립 등으로 이어지면서 결국에는 정상우주론과 빅뱅 이론의 싸움으로까지 번졌다. 이 복수극의 승자는 누구일까?

우주론의 공백기인 1960년대, 이 과학자들 사이에서 벌어진 흥미진진한 이야기를 들어 보자.

17

잰스키,
천문학과
전파 과학을
결합하다

　빛 중에서도 가시광선보다 파장이 긴 마이크로파와 전파는
상업적으로 아주 중요하다. 라디오나 텔레비전이 전파로 정보를
나르고 휴대전화 같은 무선 기기와 GPS(위성항법장치)를 비롯한
각종 통신 장비가 모두 전파를 이용한다. 휴대전화, 텔레비전,
인터넷, 내비게이션이 없는 생활을 상상해 보라. 전파를 제대로
이용할 수 없다면 현대인의 생활은 큰 혼란을 겪을 것이다. 전파
를 볼 수 있는 외계인이 하늘에서 내려다본다면 지구인은 전파
로 만들어진 그물 속에서 아옹다옹하면서 사는 것으로 보일지
도 모른다.

어떤 사람들은 과학자들이 우리 생활을 편리하게 해 주려고 전파와 관련이 있는 물건을 개발했다고 생각할 수도 있다. 그러나 전파를 이용하겠다는 마음을 먹은 것은 상업적이거나 군사적인 이유가 앞서서였지 생활의 편리함이나 학문의 발전을 위해서가 아니었다. 전파를 연구해 천문학을 발전시키고 빅뱅우주론에 유리한 증거를 찾아 주려는 의도는 더욱 없었다. 그러나 역사 속에서 큰 업적은 전혀 관계없는 일에서 시작하는 경우가 많다. 우리는 앞에서 그런 일을 여러 번 보았다. 천문학에 전파천문학이라는 분야가 생기고, 이 분야에서 일하던 첫 연구원들이 빅뱅우주론에 결정적인 증거를 찾아 준 뒤 그것으로 노벨상까지 받은 일도 아주 우연히 시작되었다.

미국전신전화회사(AT&T)는 알렉산더 그레이엄 벨의 전화 특허를 사들인 뒤 미국 전역을 엮는 통신망을 구축했다. 당연히 이 회사는 통신 분야에서 독보적인 사업체가 되었다. 경쟁 업체가 거의 없어서 사업은 날로 번창했다. 이 회사가 동부에서 서부로 사업을 확장하면서 뉴저지에 산학협동 연구소를 하나 세웠는데, 바로 벨연구소다. 이 연구소의 주력 분야는 통신이었지만 순수 과학에도 투자를 많이 해서 이 연구소 출신 노벨상 수상자가 13명이나 된다.

1928년 벨연구소는 미국에서 유럽으로, 유럽에서 미국으로 통신할 수 있는 전화 서비스를 시작했다. 이용 요금은 3분에 75달러, 당시 하버드에서 일하던 여성 천문학자들의 시간당 급여가 30센트였던 것을 생각하면 엄청나게 비싼 요금이었다. 그러나 돈이 있는 사람들은 이 비싼 전화를 기꺼이 이용했다. 시대마다 돈과 권력과 명예를 가진 사람들은 소수였고, 그런 사람들은 남이 할 수 없는 일을 해서 특권층이라는 것을 확인하고 싶어 한다. 이때는 전화가 특권층임을 증명하는 도구였다.

회사는 고급스러운 이미지를 유지하기 위해 그에 걸맞은 양질의 서비스를 제공해야 했다. 전화의 생명은 깨끗한 음질이다. 그러나 대서양 횡단 전화는 통신하는 사이 어디에선가 끊임없이 잡음이 들렸다. 통신은 전파로 하기 때문에 잡음도 전파다. 어디에선가 원하지 않는 전파들이 마구 끼어들고 있었던 것이다. 회사 중역들은 이 잡음을 내는 전파원을 찾아야 통신의 질이 나아질 수 있다고 판단했다. 그러나 막상 잡음의 진원지를 찾으려니 어디서부터 어떻게 손을 대야 할지 막막했다. 그 넓은 바다에 무엇이 있는지 어떻게 알 수 있단 말인가?

결국 이 문제는 벨연구소의 과학자들이 해결할 수밖에 없었다. 그런데 연구소에 있던 중견 과학자들은 아무도 이 연구에 달려들지 않았다. 해결책을 찾기가 쉽지 않았고, 찾는다 해도 큰 업적이 될 것 같지 않았기 때문이다. 모든 조직에서 그렇듯, 고

생만 하고 인정은 못 받을 것 같은 이 문제는 연구소에 갓 들어간 막내 연구원에게 돌아갔다. 22세의 칼 잰스키였다.

잰스키는 커다란 안테나를 만들어 1시간에 세 번 돌아가도록 설계한 회전판에 얹은 다음 온 사방에서 오는 전파를 모았다. 기능을 보면 전파망원경과 같은데, 요즘 볼 수 있는 근사한 접시 모양이 아니고 철사를 커다란 닭장 모양으로 엮은 엉성한 것이었다. 그런데 전파는 눈에 보이지 않아서 안테나에 잡혀도 알 수 없다. 궁리 끝에 잰스키는 안테나에 스피커를 달았다. 스피커에서는 종일 전파가 '쉿쉿', '딱딱' 소리를 냈다. 천천히 돌아가는 닭장과 거기에서 들려오는 이상한 소리, 동네 사람들은 그것이 무엇에 쓰이는 물건인지 궁금했을 것이다. 물론 설명해도 알아들을 사람은 거의 없었겠지만 말이다. 동네 아이들은 이 안테나를 회전목마로 여기고 좋아했다. 예쁜 말 대신 철장이 있고 신나는 음악 대신 이상한 소리가 나며 진짜 회전목마와는 비교할 수 없을 정도로 느렸지만, 가만히 앉아 있으면 1시간에 세 바퀴를 돌 수 있었으니 공짜 놀이 기구치곤 괜찮았다.

이 연구 결과 잰스키는 천둥, 번개와 도시에서 나온 전파가 통신의 질을 떨어트린다는 당연한 사실을 알 수 있었다. 이것은 어느 정도 예상한 결과였고, 사실 해결책이 없었다. 천둥, 번개가 치지 않게 하거나 도시를 없애기 전에는 잡음을 도저히 제거

초기의 전파망원경

잰스키가 만들어 사용한 전파망원경은 요즘 볼 수 있는 접시 모양 전파망원경과 생김새가 많이 다르다. 그러나 이렇게 엉성해 보이는 구조물로 태양계 밖에서 오는 전파원을 잡아냈고, 전파천문학이라는 새로운 분야를 구축하는 발판을 마련했다.

할 수 없었으니 말이다. 더 깨끗한 통화를 하려면 이런 잡음의 영향을 받지 않을 방법을 찾아야 했다. 잰스키의 연구는 별 신통한 결과 없이 끝나는 듯했다.

그런데 잰스키의 마음을 사로잡은 것이 있었다. 잡음 가운데 통신에는 거의 영향을 주지 않지만 규칙적으로 들리는 미약한 전파잡음이 있었다. 물리학을 공부하고 학위를 마치자마자 벨연구소에 들어간 과학자로서는 반가운 소식이었다. 이 전파잡음은 정확히 23시간 56분 만에 세기가 최고조에 달했고, 날마다 같은 방향에서 왔다. 왜 전파의 발생 주기는 24시간이 아닌 그보다 조금 모자란 23시간 56분일까?

잰스키는 친구를 통해 이것이 항성일이라는 사실을 알게 되었다. 항성일이란 말 그대로 항성, 즉 별을 기준으로 잰 하루를 뜻한다. 다른 말로 표현하면, 태양계 밖의 관찰자가 지구를 관찰할 때 지구가 한 바퀴 도는 데 걸리는 시간이다. 어떤 별을 정해 놓고 그 별이 정확히 남중하는 데까지 걸리는 시간을 재면 23시간 56분이다.

이 사실은 놀라운 것이었다. 뭔지 모르겠지만 전파를 내는 것이 지구에 있지 않고 지구 밖에 있는 것이 확실하기 때문이다. 전파원이 하늘 어디쯤에 있는지 알게 된 잰스키는 놀랄 수밖에 없었다. 전파는 우리은하의 중심에서 오고 있었다. 우리은하가 전파를 낸 것이다. 전파가 나온다는 것은 우리은하 중심에 강한 자기장이 있다는 뜻이다. 우리은하가 그렇다면 다른 은하도 전파를 낼 수 있다. 잰스키는 이런 내용의 논문을 1933년에 발표했다. 이때는 아무도 이 논문에 관심을 갖지 않았다. 하지만 이 논문을 통해 전파 과학이 천문학과 결합해 전파천문학이라는 새 분야가 열렸고, 공을 인정받은 잰스키의 이름은 전파의 세기를 재는 단위로 영원히 남게 되었다.

그러나 전파천문학의 중요성을 간파하는 사람은 그리 많지 않았다. 전파천문학은 등장하자마자 관심 밖으로 사라지는 듯했다. 꺼져 가는 전파에 대한 관심을 되살린 것은 전쟁이다.

18

라일의 복수,
빅뱅우주론에
힘을 실어 주다

　제2차 세계대전은 전파 기술을 최대로 끌어올리는 데 공 아
닌 공을 쌓았다. 적기와 적의 위치 및 동향을 파악하는 기술, 폭
탄을 싣고 날아가는 V-2 로켓의 유도장치를 망가트리는 기술
등을 개발하는 데 전파가 이용되었다. 모든 돈이 전쟁에 투입되
었고, 전 세계에 접시 모양의 전파 안테나가 설치되었다.

　전시에 쓰던 전파 안테나는 요즘 천문학자들이 쓰는 전파
망원경과 기능이 같았다. 접시 모양으로 생긴 전파 안테나가 전
시에는 지상에서 오가는 전파를 잡아 적을 파악하는 데 쓰였지
만, 접시를 하늘로 돌리기만 하면 우주에서 오는 전파를 얼마든

지 잡아낼 수 있었다. 물론 우주에서 오는 전파를 모아 천문학 연구에 쓰려면 접시 가운데 달려 있는 안테나를 아주 예민한 것으로 바꾸어야만 했다.

전쟁이 끝난 뒤 버려진 전파 안테나를 쓸모 있는 과학 장비로 만든 사람은 케임브리지에서 공부하던 마틴 라일이다. 라일은 개조한 전파망원경으로 온 우주를 뒤져 가시광선은 거의 내지 않고 전파만 내는 천체를 찾아 목록을 만들었다. 라일이 전파를 내는 천체를 탐사할 생각을 한 것은 영국 날씨가 너무 나빠서였다. 맑은 하늘을 보기 힘든 영국에서는 가시광선을 보는 광학망원경은 별로 쓸모가 없다. 미국처럼 큰 망원경을 만들어도 하늘이 도와주지 않는다. 그러나 전파는 달랐다. 전파는 흐린 날에도 구름을 통과해 지상까지 오기 때문에 영국뿐 아니라 어디서든 밤낮을 가리지 않고 관측할 수 있었다. 천문학계에서는 밤낮을 가리지 않고 관측만 하는 전파천문학자들은 이혼율이 높다는 우스갯소리가 있다. 그만큼 전파는 가시광선보다 관측할 수 있는 시간이 길었다.

라일은 가시광을 보는 광학 관측이 불리한 영국에서 전파 관측으로 큰 성과를 낼 수 있었다. '첫 번째 케임브리지 탐사'를 뜻하는 1C 프로젝트라는 이름으로 시작한 전파 천체 찾기 계획은 2C, 3C, 4C로 이어졌다. 그리고 영국은 이 연구 덕에 전파천문학의 중심지가 될 수 있었다.

라일은 강력한 전파를 내는 천체 50개를 찾아 목록을 작성하고, 이 중 백조자리에서 찾은 전파원에 시그너스 A라는 이름을 붙여 주었다. 그는 50개의 전파원이 우리은하에 있는 새로운 형태의 별이라고 주장했다.

그러나 라일의 의견에 강하게 반대하는 사람이 있었다. 정상우주론 3인방 중 한 명인 골드가 그 전파원들은 우리은하 밖에 있는 또 다른 은하라고 주장한 것이다. 골드가 라일의 의견에 반대한 데는 감정이 많이 섞여 있었다. 그는 케임브리지에서 전파천문 연구 집단의 대장이 되고 싶었지만, 라일에게 그 자리를 빼앗겼다. 두 사람의 감정싸움은 그 뒤로도 이어졌는데, 과학사에서 두 경쟁자 간의 증오가 그 분야의 발전에 크게 공헌하는 경우가 더러 있는 것을 보면 이 싸움이 아주 비생산적인 것은 아니었다.

라일은 1951년에 열린 학회에서 공개적으로 골드의 해석을 반박했고, 비공개적인 자리에서는 서로 흉을 봤다. 두 사람의 사이는 더욱 나빠졌다.

이 싸움은, 팔로마산천문대에서 지름 5m 망원경으로 우주의 크기를 늘린 바데가 끝냈다. 철저히 관측을 중심에 두었던 바데는 다른 관측천문학자들처럼 보이는 것만 믿었다. 그는 라일과 골드의 논란에 흥미를 느껴 이 전파원이 정확히 무엇인지 확인해야겠다고 마음먹었다. 그러고는 케임브리지 전파원 목록에서 시그너스 A의 좌표를 알아낸 뒤 그 자리에 망원경을 대고 사진을 찍었다.

바데는 완성된 사진을 열심히 들여다보았다. 원래 시그너스 A는 전파를 내기 때문에 가시광선을 보는 팔로마산천문대의 망원경에는 아무것도 찍히지 않아야 논리적으로 맞다. 그러나 이 전파원의 자리에 밝은 천체가 있고, 그 주변에는 그간 보지 못했던 희미한 천체들이 있었다. 이것들은 무엇일까? 정밀하고 주도면밀한 분석 끝에 바데는 가운데 찍힌 시그너스 A를 포함해 그 주변에 흩어져 있는 희미한 천체들이 모두 우리은하 밖에 있는 외부은하일 수밖에 없다는 결론을 얻었다. 이 전파원은 가시광선은 적게 내고 전파를 많이 내는 전파은하였다!

라일이 졌다. 골드가 이겼다. 바데의 명성은 벌써 알려져 있었고, 그의 관측 실력은 세계 최고였다. 그는 허블이 관측해서 알아낸 우주의 크기를 2배로 늘린 사람이 아닌가. 바데가 골드의 손을 들어 주자 라일은 분해서 어쩔 줄 몰라 울었다. 그러나 관측은 관측! 보이는 것만이 사실이다. 라일은 그 전파원들이 우리은하 밖에 있는 전파은하라는 것을 눈물을 삼키며 인정할 수밖에 없었다.

라일은 골드에게 복수하기로 마음먹었다. 복수는 참 흥미로운 동기를 부여한다. 수많은 무협지가 복수 없이는 이야기를 끌어가지 못하고 신화에 나오는 모든 이야기도 복수를 바탕으로 이어진다. 과학계도 그랬다. 엉뚱하게도 라일은 골드가 몸담고 있던 정상우주론자들을 무너뜨리고 빅뱅우주론자들을 돕는 관측 결과를 찾겠다고 마음먹었다. 그것만이 골드에게 복수하는 길이리라. 라일은 더욱 열심히 관측했다.

빅뱅우주론과 정상우주론은 은하를 보는 관점이 달랐다. 빅뱅우주론은 우주의 역사 초기에 은하들이 생겼다고 본다. 우주 초기에 생긴 은하들은 나이를 먹으면서 우주 팽창에 따라 우주의 끝으로 밀려난다. 멀리 떨어진 은하에서 빛이 오는 데는 떨어진 만큼 오랜 시간이 걸리니까, 우주의 끝에서 발견된 은하들은 우주 초기의 모습을 간직한 아기 은하일 것이다. 우리은하 근처에서는 아기 은하가 발견되지 않는다. 우리은하같이 나이를 먹을 뿐 아니라 우리은하와 가까운 만큼 비교적 가까운 과거의 모습을 볼 수 있기 때문이다. 반면에, 정상우주론은 외부은하를 이런 식으로 보지 않는다.

정상우주론에 따르면, 우주는 팽창하고 그 빈 사이에 물질이 생겨서 어린 은하를 우리 가까이에서 얼마든지 볼 수 있어야 한다. 천문학자들은 전파은하가 젊거나 어린 은하라고 생각하고 있었다. 라일은 바로 이 점을 공략하기로 했다. 그는 정상우주론을 무너뜨리기 위해 우리은하 근처에서는 절대 아기 은하를 찾을 수 없다는 것을 증명하기로 마음먹었다. 그 방법은 더 많은 전파은하를 찾아내고 그것들이 아주 먼 곳에만 있다는 증거를 모으는 것이다. 전파은하가 여기저기 골고루 섞여 있지 않고 아주 먼 곳에만 있다면, 빅뱅우주론은 더 힘을 얻을 것이고 정상우주론은 설 곳을 잃어버릴 것이다. 골드에 대한 복수심으로 라일은 2C, 3C, 4C로 알려진 관측에 온 힘을 쏟아부었다.

1961년까지 라일은 전파은하를 5000개나 관측했다. 이것은 정말 초인적인 일이었다. 이를 통해 그는 자신이 그토록 원하던 결과를 얻을 수 있었다. 전파은하 대부분이 아주 먼 곳에서만 발견된 것이다. 이 젊은 은하들은 우리은하처럼 나이 많은 은하들 곁에 오지 않으려고 애쓰는 것 같았다. 의기양양해진 라일은 이 연구 결과를 발표하는 자리에 호일을 초청했다. 호일은 무슨 발표가 있는지도 모르고 기자회견 자리에 갔고, 정상우주론이 아니라 빅뱅우주론에 유리한 증거를 듣는 수모를 겪어야 했다. 아무리 생각해도 과학자라는 사람들이 참 유치하다.

라일이 영국에서 빅뱅우주론자들의 손을 들어 주며 정상우주론자들에게 응징의 화살을 날리고 있을 때, 마르텐 슈미트는 미국 팔로마산에서 지름 5m 망원경을 가지고 3C 목록에 있는

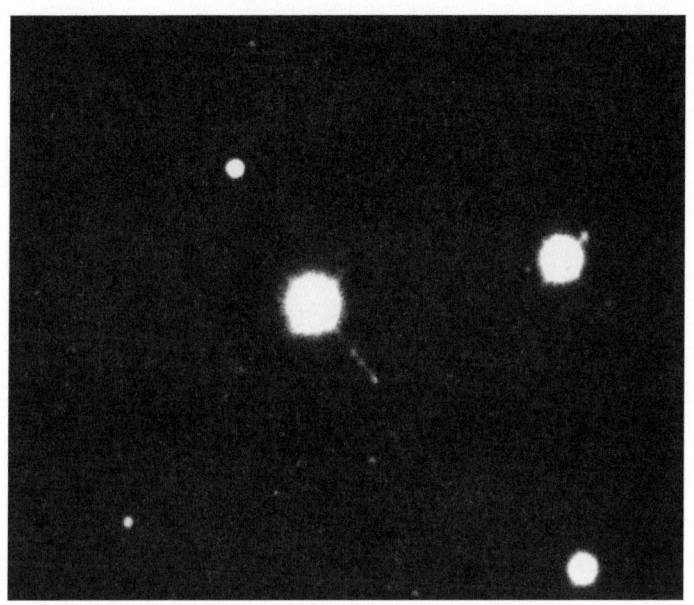

퀘이사 3C273

퀘이사라는 말은 '별 같기는 한데 별은 아니다'라는 뜻이다. 결국 이것이 무엇인지 잘 모르겠다는 말과도 같다. 퀘이사는 우리은하 근처에서는 전혀 발견되지 않고 우주의 끝, 다시 말해 우주의 역사 초기에 해당하는 저 먼 구역에서만 발견된다. 그래서 천문학자들은 퀘이사가 은하의 초기 모습이 아닐까 하고 추측하지만 확실한 것은 아직 아무도 모른다.

273번째 전파원을 꼼꼼히 조사하고 있었다. 3C273으로 알려진 이 전파원이 아주 강한 전파를 내고 있어서, 슈미트는 이것이 우리은하 안에 있는 새로운 형태의 별일 것이라고 생각했다. 그만큼 3C273이 밝게 보였던 것이다.

슈미트는 이 전파원의 정체를 밝히려고 분광사진을 찍었다. 그러나 당황스럽게도 그 분광사진을 분석할 수 없었다. 분광사진을 통해 별의 성분 원소를 찾는 연구는 당시에 이미 아주 잘 되어 있어서 사진만 제대로 나온다면 별의 성분을 바로 찾을 수 있었다. 그러나 슈미트는 그럴 수 없었다. 그때까지 알고 있던 어떤 원소도 분광사진의 줄무늬와 맞지 않았기 때문이다.

슈미트는 한참 고민한 끝에 이 강한 전파원의 분광사진이 왜 그런 모습이 되었는지 알게 되었다. 이 천체에서 온 스펙트럼 선들이 강한 도플러이동✦을 하고 있었다. 광속의 16%라는 믿을 수 없이 빠른 속도로 우리에게서 멀어지고 있었기 때문에 스펙트럼선이 붉은색 쪽으로 엄청나게 많이 옮겨져 있었다. 상상을 초월하는 도플러이동이 나왔기 때문에 전혀 알아볼 수 없었던 것이다. 이 천체가 우리은하에 있다면 이렇게 빠른 속도로 우리에게서 달아날 수는 없다. 이만큼 빨리 달아나려면 그만큼 멀리

✦　도플러효과에 의하여 나타나는 파장 또는 진동수의 변화.

있는 천체여야만 한다.

이 빛은 100억 광년 떨어진 우주에서 날아온 것이었고, 3C273은 우리가 알고 있는 은하의 밝기보다 100배나 밝았다. 이 천체는 지금까지 알려진 어떤 천체와도 비슷하지 않았다. 우리은하에 있던 별로 착각했던 3C273이 어느 은하보다 멀리 있다는 것이 밝혀지면서 이 천체에 퀘이사라는 이름이 붙었다. 이것은 별도 아니고 평범한 은하도 아니었다. 퀘이사는 아직도 정체를 분명히 알 수 없다.

1963년 슈미트는 놀라운 속도로 멀어져 가는 3C273에 관한 논문을 발표했다. 정확히 뭔지는 몰라도 퀘이사라는 천체가 있다는 사실은 빅뱅우주론자들에게 또 한 번 격려가 되었다. 퀘이사가 100억 광년 떨어진 곳에서 발견된다는 것은 그 빛이 100억 광년을 달려 우리에게 도착했다는 뜻이다. 따라서 퀘이사는 100억 년 전에 생긴 천체다. 다시 말해, 우주 역사 초기에 생긴 천체라는 뜻이다. 지금 이 순간 실제 퀘이사가 어떤 모습으로 변했을지 알 수 없지만, 우리가 보고 있는 모습이 처음의 모습 그대로라는 것은 확실하다.

은하보다 100배나 더 밝은 이 천체는 빅뱅 이후 생겨서 은하로 진화했을 것이다. 따라서 우리은하 가까이에서는 퀘이사를 볼 수 없다. 퀘이사의 발견이 정상우주론자들에게는 반가운 일이 아니었다. 정상우주론은 우주의 어디든 같은 모습이어야 하기 때문에 우리 이웃 퀘이사도 있어야 한다. 그러나 우리은하 근처에는 퀘이사가 전혀 발견되지 않았다.

앞서 벌어진 사건들 때문에 골드가 울었는지는 알 수 없지만, 라일이 웃은 것은 분명하다.

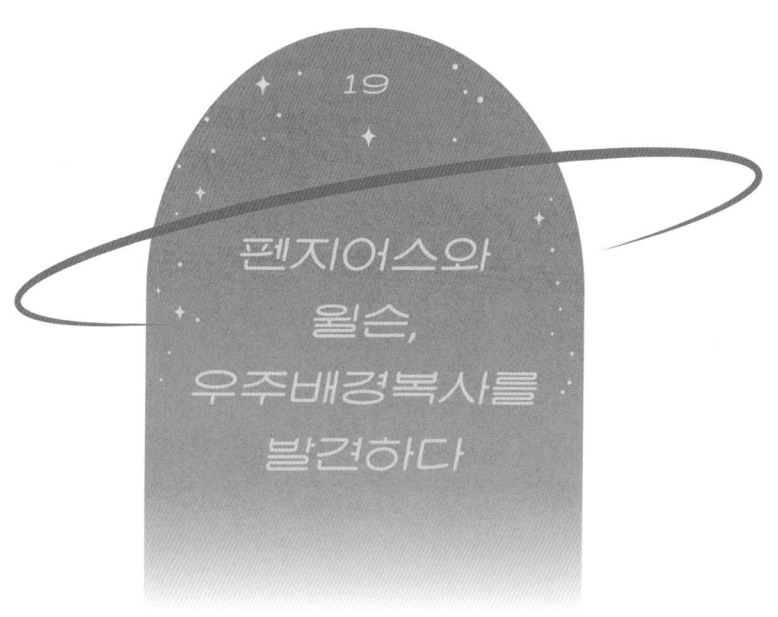

19

펜지어스와
윌슨,
우주배경복사를
발견하다

전파천문학이 빅뱅우주론에 가져다준 가장 큰 선물은 우주
배경복사를 찾은 일이다. 우주배경복사, 우주의 역사 초기에 생
긴 빛의 화석을 찾은 사람은 벨연구소의 연구원이던 아노 펜지
어스와 로버트 윌슨이다. 이들도 아주 우연히 우주배경복사를
찾아냈다.

아노 펜지어스는 1933년 독일에서 태어났지만 6세 때 부모
와 독일을 탈출해 영국에서 살다가 다시 뉴욕으로 옮겨 정착했
다. 집안이 넉넉하지 않아 수업료를 내지 않아도 되는 뉴욕시립
대학에서 공부했고, 대학을 졸업한 뒤에는 컬럼비아대학 물리학

과에서 노벨상 수상자인 찰스 타운스를 지도 교수로 두고 박사 학위 과정을 마쳤다. 그의 연구 분야는 바로 전파천문학이었다. 박사 학위를 받은 펜지어스는 1961년 벨연구소의 연구원이 되었다.

펜지어스는 행방이 묘연한 통신위성을 찾는 일을 연구소에서 맡았다. 벨연구소는 통신위성을 이용한 사업에서 선두를 차지하려고 텔스타라는 통신위성을 쏘아 올렸는데, 하늘 어딘가에서 그것을 잃어버렸다. 하늘로 쏘아 올린 인공위성을 추적하기란 생각보다 쉽지 않다.

전파천문학을 전공한 펜지어스는 전파를 내는 통신위성을 찾는 일은 천문학자들이 하늘에서 전파은하를 찾는 것과 같다고 생각했다. 통신위성의 안테나에서는 전파가 나올 테지만 어디 있는지는 정확히 모른다. 전파은하도 전파를 내고 있는 은하지만, 어디 있는지를 확실히 모른다. 위성과 은하라는 점이 다를 뿐 펜지어스로서는 전파원을 찾는다는 점에서 근본적으로 같은 일이었다. 결국 펜지어스가 이끄는 팀은 멋지게 텔스타를 찾았고 펜지어스는 실력을 인정받을 수 있었다. 만약 벨연구소가 순수 과학에 힘을 쏟는 천문학자를 고용하지 않았다면 통신위성은 한참 더 늦게 발견되거나 우주 미아가 되었을지도 모른다.

1963년 펜지어스는 운명적인 파트너를 만나는데, 바로 로버트 윌슨이다. 우주론에 대해서는 전혀 모르고 있던 펜지어스는 윌슨을 통해 우주론을 접했다. 윌슨은 캘리포니아공과대학에서 박사과정을 밟던 당시 1953년부터 캘리포니아공과대학에 정기적으로 들르던 호일의 우주론 강의를 듣고 큰 감명을 받았다. 그것은 당연한 일이었다. 호일은 방송과 강연으로 다져진 달변가였고, 바로 그 캘리포니아에서 파울러를 졸라 들뜬 탄소를 찾아내게 한 사람이다. 물론 호일은 자신의 강의를 들은 학생이 나중에 빅뱅우주론에 크나큰 힘을 실어 줄 발견을 하리라고는 생각지 못했을 것이다.

윌슨이 벨연구소로 갈 때 그곳에는 근사한 전파 안테나가 하나 있었다. 사실 윌슨이 벨연구소에 들어가기로 한 직접적인 원인을 제공한 이 안테나는 날개 없는 종이비행기처럼 생겨서 오늘날의 관점에서는 설치미술에 가까운 모양이었다. 이 삼각안테나의 용도는 통신위성의 신호를 잡는 것이었지만, 타산이 맞지 않는 프로젝트라서 회사는 폐기 계획을 세웠다. 기업으로서는 가슴 쓰린 일이지만 펜지어스와 윌슨으로서는 무척 기쁜 일이었다. 이 안테나를 전파천문학 연구를 위해 마음대로 쓸 수 있으니 말이다.

펜지어스와 윌슨이 가장 먼저 한 일은 이 전파 안테나를 통해 들어오는 기본적인 잡음을 없애는 것이었다. 눈에 보이지도

전파 안테나

미국 뉴저지주 벨연구소에 설치된 전파 안테나이다. 요즘 볼 수 있는 접시 모양 전파 망원경보다 무척 우스꽝스럽게 생겼지만, 펜지어스와 윌슨은 1965년 이 통신 안테나를 이용해 얼추 3K에 해당하는 우주복사가 바탕화면처럼 온 우주에 깔려 있다는 사실을 알아냈다. 이들의 발견으로 빅뱅우주론은 확고한 입지를 굳힐 수 있었다.

않고 귀에 들리지도 않지만, 전파는 곳곳에서 나온다. 큰 도시는 말할 것도 없고 멀리서 치는 천둥과 번개도 전파잡음의 원인이 된다. 라디오를 듣다가 다른 주파수로 돌리는 사이 찌직거리는 소리가 잡음이다. 방송국과 라디오의 사이가 가깝다면 잡음보다 신호음이 커서 방송을 잘 들을 수 있지만 방송국과 라디오가 멀리 떨어져 있다면 잡음이 더 클 수도 있다. 이 잡음을 제대로 파악하는 것이 전파천문학에서는 매우 중요하다. 우주에서 오는 신호는 너무 미약해서 잡음이 크면 그 속에 묻혀 전혀 알아볼 수 없기 때문이다.

우선 두 사람은 전파은하가 발견되지 않은 빈 하늘로 전파망원경을 들이댔다. 그러고 나서 깜짝 놀랐다. 잡음이 생각보다 심했다. 더 놀라운 것은, 전파망원경이 하늘의 어디를 향하든지 잡음이 거의 똑같이 나왔으며 뉴욕처럼 큰 도시가 있거나 말거나 밤이나 낮이나 변함이 없었다는 점이다. 펜지어스와 윌슨은 전파망원경의 각종 전자 장비와 전선들을 점검하기 시작했다. 이 장비들이 내는 각종 잡음을 차단하기 위해 할 수 있는 일을 다 하고, 전선은 테이프로 꼼꼼하게 감싸고 정리했다. 그래도 잡음은 사라지지 않았다. 모든 것을 의심할 수밖에 없던 두 사람은 전파망원경에 둥지를 튼 비둘기를 의심했다. 그들은 비둘기를 잡아 먼 곳에 놓아주고 비둘기 똥을 말끔히 닦아 낸 뒤 다시 관측했다. 그래도 달라지는 것은 없었다.

펜지어스와 윌슨은 이렇게 1년 동안 망원경을 닦고 점검한 뒤 관측을 계속했고 잡음의 원인을 찾기 위해 엄청난 돈과 노력을 쏟아부었다. 하지만 끝내 사방 어디서든 똑같이 나오는 잡음의 원인을 찾지 못했다. 온 세상이 잡음으로 싸여 있었다. 하지만 그것이 어디에서 오는지, 왜 오는지 도저히 알 수가 없었다.

1963년 캐나다 몬트리올에서 열리는 천문학회에 참석한 펜지어스가 버나드 버크를 만나 도저히 지울 수 없는 잡음에 대해 이야기했다. 펜지어스는 그날의 대화가 자신의 일생에 큰 획을 긋게 되리라고는 전혀 예상하지 못했다.

몇 달이 지나 버크에게 연락이 왔다. 프린스턴대학의 천문학자들이 몇 밀리미터 파장을 지닌 우주배경복사가 우주의 모든 방향에서 날아오고 있어야 한다는 연구 결과를 냈다는 내용이었다. 버크가 말한 학자는 로버트 디키와 제임스 피블스였고, 이들은 1948년 앨퍼와 허먼이 쓴 논문의 내용을 모르는 채로 빅뱅우주론을 연구해 우주배경복사가 있어야 한다는 결론에 이르렀다. 1948년 가모브의 학생이었던 앨퍼와 허먼은 빅뱅우주론에서 탄소의 합성 과정을 밝히려다 그런 결론을 얻었다. 그들은 우주 탄생 30만 년경 우주의 온도는 3000K 정도 되었을 것이며, 이때 빛은 플라즈마 상태에서 벗어나 온 우주로 자유롭게 여행할 수 있었고 공간의 팽창과 함께 늘어나 오늘날 밀리미터 파장의 빛이 되었을 것이라는 주장을 폈다.

그러나 그들의 뛰어난 연구는 사람들의 이목을 끌지 못했고, 아무도 그 우주배경복사를 찾으려고 노력하지 않았다. 인간에게 15년은 무척 긴 시간이라 앨퍼와 허먼의 우주배경복사는 사람들의 기억에서 잊혀 버린 지 오래였고 천문학자들 중에서도 기억하는 이가 없었다. 그런 가운데 펜지어스와 윌슨이 전혀 의도하지 않은 상태에서 우주배경복사를 찾았고, 디키와 피블스는 이론적으로 우주배경복사를 계산한 뒤 그것을 찾으려고 노력한 것이다.

버크는 디키와 피블스에게 펜지어스와 윌슨이 벌써 우주배경복사를 찾은 것 같다고 이야기했다. 디키와 피블스는 실망했다. 그들은 프린스턴에 관측팀을 꾸려 우주배경복사를 막 찾으려는 참이었기 때문이다. 이들은 탄탄한 이론적 배경이 있었지만 손과 발이 빠르지 못했다. 디키와 피블스는 그 길로 펜지어스를 찾아갔다. 그리고 그들의 관측 과정과 관측 결과를 꼼꼼히 분석한 결과 그 잡음이 우주 초기에 생긴 우주배경복사가 틀림없다는 것을 확인해 주었다.

비둘기 똥을 닦으며 없애려고 했던 전파잡음이 바로 138억 년 전 우주에 뿌려진 최초의 '빛 화석'이었던 것이다. 펜지어스

와 윌슨은 자신들이 찾은 것이 우주론에서 얼마나 중요한지를 뒤늦게 깨달았다.

1965년 펜지어스와 윌슨은 우주 전 지역에서 2.7K에 해당하는 밀리미터파를 발견했다고 천문학회지에 발표했고, 디키와 피블스는 빅뱅우주론을 연구하는 과정에 우주배경복사가 반드시 있어야 한다는 사실을 예상한 이론을 실었다. 비록 연구는 따로따로 진행되었지만, 이론과 관측이 어우러져 참으로 멋진 결과였다. 이로써 빅뱅우주론은 결정적인 증거를 갖게 되었다.

우주배경복사를 찾았다는 소식에 씁쓸함을 지울 수 없는 사람들이 있었다. 가모브와 앨퍼와 허먼이었다. 가모브는 기회가 있을 때마다 1948년에 이루어 놓은 연구 결과에 대해 이야기하고 다니며 우주배경복사를 가장 먼저 예측한 것은 자신의 연구팀이라는 것을 밝혔다. 그러나 앨퍼와 허먼이 논문을 낼 때 지도 교수였으면서도 그들의 연구 결과에 호의적이지 않았던 것을 생각하면, 늦어도 너무 늦은 홍보 활동이었다.

뒤늦게 이런 사실을 안 펜지어스는 가모브에게 편지를 보내 자세한 경위를 알려 달라고 부탁했다. 그리고 크나큰 업적을 이룬 전파망원경 견학 프로그램에 가모브를 초대했다. 그러나 앨퍼와 허먼은 그 프로그램에도 초대받지 못했다. 자신들이 부당한 대우를 받았다고 느낀 앨퍼와 허먼은 〈빅뱅의 창세기 (Genesis of the Big Bang)〉라는 연구 보고서를 펴내 자신들의 연구 결과를 소상히 밝혔고, 이를 통해 두 사람이 벌써 15년 전에 우주배경복사를 예견했다는 사실이 알려졌다.

그러나 이런 노력을 기울이고도 앨퍼가 얻은 것은 심장병뿐이었고, 1978년 노벨 물리학상 수상자 명단에는 펜지어스와 윌슨만 있었다. 노벨상 수상자들은 수상 소감을 밝히는 자리에서 앨퍼와 허먼의 공을 공식적으로 밝혔다. 이것이 앨퍼에게는 유일한 위안이었을 것이다.

3G 우주론
계보도

잰스키
Karl Jansky
1905~1950

전파과학과
천문학을 결합

라일
Martin Ryle
1918~1984

경쟁 관계

전파은하는
아주 먼 곳에만 있다

골드
Thomas Gold
1920~2004

빅뱅 이론에
유리한 관측 결과

아기 은하는
근처에 있다

정상우주론
3인방

가모브
George Gamow
1904~1968

허먼
Robert Herman
1922~1997

앨퍼
Ralph Alpher
1921~2007

본디
Hermann Bondi
1919~2005

빅뱅우주론
3인방

호일
Fred Hoyle
1915~2001

윌슨
Robert Wilson
1936~

펜지어스
Arno Penzias
1933~

전파망원경으로 우주배경복사 발견
빅뱅 이론에 날개를 달다!

4G

우주론,
현대 과학의
합집합

미국의 베이비 붐 세대 과학자들이 쏟아져 나온 20세기 후반, 천문학과 물리학은 너무나 복잡하고 어려워졌다. 이제 어떤 연구든 혼자 할 수는 없게 되었고, 저자 수십 명이 참여해 논문 한 편을 만드는 것이 상식이 되어 버렸다. 그 바람에 일반인에게 우주론은 더욱더 이해하기 어려운 이야기가 되어 가고 있지만, 포기하지 말고 들어 보자.

미국의 물리학자 구스는 우주의 역사 초기에 빛보다 빠른 팽창의 시기가 있었다는 인플레이션 우주론을 들고나와 빅뱅우주론의 문제를 해결했다. 스무트는 온갖 어려움을 헤치고 코비(COBE)를 우주에 띄워 우주배경복사를 더욱 높은 해상도로 얻어 냈다. 이 와중에 우주에는 우리 눈에 보이지 않는 암흑물질이 보이는 것보다 훨씬 많다는 황당한 이론이 거의 정설이 되었고, 최근 들어 우주는 더욱더 빨리 팽창하기 때문에 나중에는 아무것도 남지 않을 가능성이 크다는 이론이 나오더니 우리는 보지도 느끼지도 못하고 나아가 존재하는지도 확실히 알 수 없는 암흑에너지가 우주를 가득 채우고 있다는 무협지 같은 이론도 나왔다. 재미있는 사실은, 관측 결과를 기반으로 삼아 우주가 더욱 빨리 커지고 있다는 이론을 세운 과학자들이 노벨상을 받았다는 점!

우리는 도대체 어떻게 생긴 우주에서 살고 있는 것일까?

20

대통일이론의
예언

우주배경복사가 정말로 있다는 것은, 정말로 우주 초기에 수소와 헬륨 원자핵이 전자와 만났다는 뜻이고 빅뱅우주론이 이론과 관측에서 유리한 고지를 차지하게 되었다는 뜻이기도 하다. 천문학자라는 직업을 가진 극소수의 지구인들은 우주가 부풀고 있다는 사실에 모두 놀라며 변화무쌍한 우주를 경이로운 눈으로 보고 있었다. 그럼 대다수 지구인은 무엇에 관심이 있었을까?

펜지어스와 윌슨이 비둘기를 쫓아내며 열심히 우주에서 오는 잡음을 듣고 있을 때 사람들은 잡음이 아닌 음악을 듣고 있었다. 영국에서 결성되어 미국으로 진출한 네 명의 꽃미남, 바로 비틀즈의 노래였다. 비틀즈의 노래는 1960년대에 전 세계를 휩쓸었고 60여 년이 지난 지금까지도 경제적 가치를 생산하고 있다. 이때 비틀즈의 노래를 따라 부르던 10대 후반 20대 초반 젊은이들은 1945년 이후에 태어난 베이비 붐 세대다. 두 차례에 걸친 세계대전 동안 군수품을 수출해 큰 이득을 본 미국은 경제 부흥기에 들어서서 어디를 가든 물자가 풍족했고 화석연료를 아낌없이 쓰는 커다란 자동차가 굴러다녔다. 과학자, 예술가, 사업가가 세계 곳곳에서 미국으로 몰려갔다. 살기 좋아지니 아이들이 많이 태어났고, 그들은 부모 세대가 이루어 놓은 경제적 기반을 바탕으로 어렵지 않은 삶을 누릴 수 있었다. 그러나 또래가 많다는 것은 심한 경쟁을 불러올 수밖에 없었다.

1947년 태어난 앨런 구스도 그런 베이비 붐 세대다. 아기들이 많이 태어나 다 같이 자라고 다 같이 대학에 들어가니 대학 졸업자도 엄청 많아졌다. 이들은 선배들과 달리 박사 학위가 있어도 대학교수나 연구소의 정식 직원으로 취직할 수 없는 고달픈 과학자 세대였다. 구스는 당시 공부 잘하는 물리학도라면 누구나 하고 싶어 하는 입자물리학을 전공하고 MIT매사추세츠공과대학교에서 학위도 받았지만, 프린스턴·코넬·컬럼비아처럼 이름 있는 대학의 연구소를 계약직으로 전전하면서도 이렇다

할 성과를 내지 못하고 있었다.

그사이 물리학계에서는 다양한 소립자를 발견하느라 정신이 없었다. 1964년 겔만과 츠바이크는 양성자나 중성자를 이루는 더 작은 입자가 있을 것이라고 각각 주장했다. 그때까지 사람들은 양성자, 중성자, 전자가 물질을 이루는 기본 입자라고 알고 있었기 때문에 이들의 주장이 실험으로 증명될 때까지 믿을 수 없었다.

그런데 1968년 스탠퍼드 선형 입자가속기에서 이들이 주장하는 입자가 발견되었다. 중성자가 쪼개진 것이다. 이 입자에는 쿼크라는 이름이 붙었고, 당시 발견된 것은 업 쿼크와 다운 쿼크다. 겔만은 대칭성이야말로 물리를 아름답게 만드는 기본 요건이라고 생각했기 때문에 쿼크는 반드시 대칭을 이루는 쿼크가 있다고 주장했다. 예를 들면, 업 쿼크와 다운 쿼크가 대칭 관계에 있다. 그러니 만약 처음 보는 쿼크가 나타나면 그와 대칭을 이루는 쿼크가 반드시 나타날 테니 눈을 크게 뜨고 찾기만 하면 된다고 주장했다.

이 주장에 따라 물리학자들은 계속 쿼크 사냥에 나섰다. 그래서 1974년에는 매력적인 참 쿼크와 스트레인지 쿼크가, 1977년에는 보텀 쿼크가 발견되었다. 물리학자들은 보텀 쿼크와 쌍을 이루는 쿼크가 분명히 있다고 믿고 열심히 찾았다. 그 결과

1995년에는 톱 쿼크가 발견되었다. 이로써 물질의 가장 기본단 위인 쿼크 6자매가 모두 모습을 드러냈다.

쿼크들은 절대 혼자 다니지 않는다. 이들은 반드시 둘이나 셋씩 짝을 이루어 다니는데, 둘이 짝을 지으면 메존, 셋이 짝을 이루면 바리온이라고 한다. 양성자의 경우 업 쿼크 2개와 다운 쿼크 1개로 이루어진 바리온이고, 중성자는 업 쿼크 1개와 다운 쿼크 2개로 이루어진 바리온이다.

한편, 쿼크들은 혼자 다니는 것을 거부하는 탓에 노련한 파파라치가 아니고선 도저히 만날 수 없다. 오늘날 쿼크를 보려면 엄청난 전기세를 물고 입자가속기에 고압 전기를 걸어서 사진을 찍어야 한다. 쿼크는 아주 잠깐 나타났다 사라지는 신비롭고 몸값이 비싼 입자라서 반드시 물리학자와 함께 사진을 봐야 알아볼 수 있다.

쿼크야말로 물질을 이루는 기본 입자 중의 기본 입자였다. 쿼크들은 글루온이라는 입자로 강하게 결합되어 양성자나 중성자를 만든다. 물리학자들은 쿼크들을 붙인다는 뜻에서 풀을 뜻하는 영어 '글루'를 가져다 이름을 붙였다. 글루온은 쿼크 세계의 강력 접착제이며 우주를 지배하는 네 가지 힘 가운데 하나인 강력을 행사하는 존재이기도 하다.

우주에는 중력, 강력, 약력, 전자기력 등 네 가지 힘이 조화

를 이루고 있다. 강력은 원자핵 수준의 아주 좁은 범위에서는 대단히 강력하지만 원자핵만 벗어나면 힘이 급격하게 약해진다. 반면, 중력은 원자핵 수준에서는 거의 아무 일도 못하지만 질량이 있는 곳이라면 어디에서든 힘을 발휘하고 드넓은 범위까지 세력을 뽐낸다. 우주라는 거대한 공간을 놓고 보자면, 강력보다 중력이 지배적이다. 과학자들은 중력을 전달하는 중력자가 있을 것으로 예상하지만 아직 찾지는 못하고 있다. 그리고 중력만큼 광범한 지역에서 힘을 발휘하는 전자기력은 광자가 에너지를 전달하고, 방사성붕괴와 관련된 약력은 세 가지 전달자가 발견되었다.

물리학자들은 우주를 지배하는 네 가지 힘을 방정식 하나로 묶기 위해 계속 노력해 왔다. 그러던 중 1967년 살람과 와인버그가 전자기력과 약력은 온도가 높은 곳에서는 같은 힘인 것처럼 행동한다는 사실을 알아냈다. 1970년대 중반에는 여기에 강력까지 포함해 자연계에 존재하는 힘을 하나로 합치는 이론이 거의 완성되어 '표준모형'이라는 이름이 붙었다. 그러나 표준모형은 끊임없는 실험을 통해 결정해야 할 상수가 무려 19개나 있었다.

물리학자들은 자연을 지배하는 법칙은 아주 간단한 모양의 방정식으로 표현할 수 있다고 믿는 사람들이기 때문에 어떻게든 방정식을 간단하게 만들려고 노력했다. 그리고 표준모형에 있는 애매한 부분들을 지워 버리고 '대통일이론'이라는 것을 만들었다.

강력·약력·전자기력을 하나로 묶은 대통일이론은 여러 가지가 있었는데, 그중 어떤 것이 진실을 말하는지는 실험만이 밝혀 줄 수 있었다. 그러나 변하지 않는 사실은 이 세 힘이 엄청나게 높은 온도에서는 모두 같은 힘이 된다는 점이다. 우주의 역사 초기, 우주가 한 점에 모여 있을 때는 극히 고온이었고 우주가 팽창하면서 온도가 내려가자 세 힘은 각자 제 모습으로 풀려나왔다. 대통일이론은 강력, 약력, 전자기력이 제 모습을 갖출 때 세 가지 일이 벌어진다고 예언했다.

첫 번째 예언은 양성자가 영원하지 않다는 것이다. 수소의 기본단위이자 우주를 이루는 물질의 기본인 양성자도 10^{32}년이 지나면 사라진다고 한다. 우주의 나이가 고작 10^{10}년 정도라서 아직 양성자가 남아 있지만, 언젠가는 양성자가 사라지고 이 우주에는 물질이 남지 않게 된다. 르메트르가 우주의 시작을 '어제가 없는 오늘'이라고 언급했듯이 우주는 무에서 시작해 무로 돌아간다.

1980년대부터 과학자들은 이 예언이 맞는지 알아보려고 묘수를 냈다. 양성자 하나가 사라지기를 기다릴 수는 없으니, 양성자 1032개를 모아 놓으면 그중 하나가 사라질 것이라고 생각했다. 시간으로 불가능한 일을 수로 가능하게 하는 것, 그것이 확률이다. 우선 6층 건물 크기의 거대한 원통형 물통을 300톤의 물로 채우고 물 분자를 이루는 산소나 수소의 원자핵, 그중에서도 원자핵 속의 양성자가 하나라도 사라지는지 관찰했다. 끈질긴 과학자들이 30년째 관찰하고 있지만, 아직 양성자가 사라졌다는 증거를 못 찾고 있다.

대통일이론의 두 번째 예언은 중성자가 양성자와 붕괴될

때 생기는 소립자인 뉴트리노중성미자가 질량을 가지고 있다는 것이다. 뉴트리노는 중성이며 충돌 단면이 너무 작아서 거의 반응이 없이 모든 물질을 뚫고 지나간다. 지금 이 순간에도 수많은 뉴트리노가 우리 몸을 뚫고 지나간다. 과학자들은 유령 같은 뉴트리노를 잡으려고 표백제를 그득히 채운 큰 통을 땅에 묻기도 하고, 뉴트리노 검출기를 단 헬륨 기구를 추운 남극까지 가서 띄우기도 한다. 우주에 엄청나게 많은 뉴트리노가 있고, 이 뉴트리노에 질량이 있다면 나중에 이야기할 암흑물질의 비밀을 푸는 열쇠가 될 수도 있다는 것은 확실하다.

대통일이론이 우주론에 던지는 마지막 예언은 자기홀극이라는 소립자가 잔뜩 생겨야 한다는 점이다. 자기홀극이란 극이 하나만 있는 자석을 가리키는 말인데, 이런 자석을 상상하는 것은 상식에 어긋난다. 초등학교 때부터 과학 시간에 줄곧 등장하는 자석은 N극과 S극, 이렇게 두 극을 가지고 있다. 어떤 어린이가 극이 하나인 자석을 갖고 싶다며 아무리 떼를 써도 친절한 선생님은 그 소원을 들어줄 수 없다. 자석을 자르면 바로 반대극이 살아나서 다시 두 극을 가진 자석이 되기 때문이다.

당시 물리학자들은 우주의 역사 초기에 생긴 자기홀극이 오늘날 금은방에서 보는 금만큼 많아야 한다고 계산했다. 게다가 자기홀극은 박테리아만큼 크기 때문에 못 찾는 것이 오히려 더 이상하다. 그러나 아직까지 자기홀극은 단 하나도 발견되지 않았다.

비틀즈의 노래에 열광하던 젊은 과학자들은 자기홀극을 찾으려고 달에서 가져온 운석을 샅샅이 살피고 남극에 가서 파란 얼음의 구석구석을 뒤진 것은 물론이고 하수도와 그 속에 든 오물까지 주물렀지만 단 하나도 찾지 못했다. 정말 알 수 없는 일이었다.

만약 빅뱅우주론이 우주의 초기 상태를 제대로 설명한다면 대통일이론이 계산한 자기홀극을 쉽게 찾을 수 있어야 한다. 베이비 붐 세대로 태어나 연구소를 전전하던 구스와 동료였던 타이는 바로 이 점이 궁금했다.

그 많다던 자기홀극은 다 어디로 갔을까?

21

구스,
인플레이션
우주를
생각해 내다

　구스와 타이는 열심히 생각했다. 우주론을 연구하는 과학
자들이 고민한다는 것은 정말로 앉아서 고민하는 것을 뜻한다.
사람들은 과학자라면 흰 가운을 입고 시험관을 든 채 무언가를
열심히 적는 모습을 상상할지 모른다. 하지만 우주론 학자들은
정말 앉아서 생각만 한다. 때로는 수식이 잔득 적힌 칠판을 다
같이 쳐다보며 몇 시간이고 계속 생각만 한다.

　다시 미국 시트콤 〈빅뱅 이론〉에 대해 이야기하자면, 셸든
과 인도 출신 미국 유학생인 라지가 책상 2개도 안 들어갈 작은
연구실에서 화이트보드에 뭔가를 잔뜩 적어 놓고 한없이 쳐다

보기만 하는 장면이 있다. 미국 록 밴드 서바이버가 부르는 〈아이 오브 더 타이거(Eye Of The Tiger)〉의 툭툭 끊기는 리듬에 맞춰 셸든과 라지가 자리를 바꿔 서서 칠판을 바라본다. 아마 수식을 호랑이처럼 노려보라고 이 노래를 배경에 깔았는지 모르겠으나, 배경음악만 없다면 그 장면은 우주론 학자들이 연구하는 모습 그대로다.

구스와 타이가 할 수 있는 일도 그와 다르지 않았다. 두 사람은 우주의 역사 초기에 있었던 일에 대해 열심히 토론했다. 토론 도중 두 사람은 우주 초창기에 있었던 폭발이 그때까지 생각한 것보다 훨씬 커야 한다는 점을 깨달았다. 허블이 외부은하가 멀어져 가고 있다는 사실을 관측으로 증명한 뒤 과학자들은 우주가 폭발 이후 줄곧 같은 비율로 팽창하고 있다고 가정하고 우주의 나이를 계산했다. 그러다 보니 세 가지 문제가 생겼다.

첫 번째는 우주의 지평선 문제다. 앨퍼와 허먼이 예견하고 펜지어스와 윌슨이 발견한 우주배경복사는 우주 초기에 생겨 우주의 나이만큼 멀어져 간 빛이니까 우리가 볼 수 있는 가장 먼 곳에서 온 빛이다. 이 빛은 2.7K 흑체복사에 해당하는 파장을 가지고 온 사방에서 고르게 온다. 그런데 가만히 생각해 보면, 이것은 도저히 있을 수 없는 일이다. 내 머리 쪽에서 온 우주배경복사는 138억 년을 달려왔고, 발 아래쪽에서 온 우주배경복사도 138억 년을 달려왔다. 그럼 두 지점의 거리는 276억 광년! 물론 이때는 우주의 나이를 150억 년 이상으로 알고 있었으니까, 두 지점의 거리는 300억 광년이 넘는다고 보았다. 중요한 것은, 두 지점의 거리는 빛의 속도로 달려도 우주의 역사보다 2배나 긴 시간을 달려야 도달할 수 있다는 점이다.

그런데 상식에 비춰 보면, 이 두 지점은 우주가 생긴 이래 빛의 속도로 왕래한 적이 없다. 찬물과 뜨거운 물이 섞여 더운 물이 되려면 시간이 필요한데, 우주는 그럴 시간이 없었다. 다시 말해, 우주의 모든 물질이 섞일 시간이 부족했는데도 우주의 모든 곳이 바탕 온도가 같고 똑같은 우주배경복사가 발견된다.

아직 잘 이해되지 않는다면, 지금부터 시계를 거꾸로 돌려 보자. 이것은 제논의 역설과 비슷한 상황이다. 두 지점은 50억 년 전에도 100억 년 전에도 서로 왕래할 수 없는 점이었고, 우주가 생긴 시점에서 생각해 보아도 우주의 양 끝은 다녀올 수 없는 거리다. 우주의 역사 초기에는 우주의 크기가 아주 작았겠지만 우주가 생긴 지 얼마 안 돼 이 끝에서 저 끝까지 갈 시간이 부족했기 때문이다. 우주의 모든 지점을 찍어 보아도 이런 문제가 생긴다. 그런데 어떻게 빛의 화석은 양쪽에 동시에 존재할 수 있을까? 어떤 경우라도 빛의 속도보다 2배 빠르게 달리지 않으면 불가능한 일이다. 우주의 지평 문제는 빅뱅우주론의 발목을 잡는 반대론 중 하나였다.

구스는 이 문제를 빅뱅보다 더 큰 폭발로 풀려고 했다. 빛보다 빠른 속도로 우주 공간 자체가 부풀었다는 것이다. 빛보다 빠른 것은 없다고 반론을 제기할 수도 있지만, 어떤 입자가 빛보다 빠르게 달린 것이 아니라 공간 자체가 빛보다 빨리 늘어났다는 말이라서 물리적으로 틀린 개념이 아니다. 당시 우주가 커진 비율을 보면, 가장 작은 비율을 골랐을 때 DNA 사슬이 우리은하 정도로 커진 것과 비교할 수 있고, 가장 큰 비율을 고른다면 볼펜으로 찍은 점 하나가 오늘날 우주의 크기만큼 부풀었다고 보기도 한다. 구스는 우주의 역사 초기에 10^{-35}초 동안만 빛보다 빠르게 팽창해도 앞서 말한 빅뱅우주론의 문제를 풀 수 있다고 주장했다. 참 상상하기 힘든 시간이다.

구스는 빛보다 빠르게 우주가 팽창한 시기를 인플레이션 시기라고 불렀다. 돈의 가치가 떨어져 물건 값이 하늘 높은 줄 모르고 치솟는 것을 가리키는 경제 용어를 빌린 것이다. 인플레이션이 끝난 뒤에는 허블의 법칙에 따라 꾸준히 우주가 팽창하고 있다. 구스의 이론상 빅뱅 우주 모형의 시작은 엄밀히 말해 한 점이 아니라 한 점에서 인플레이션으로 뻥튀기를 한 번 한 뒤부터인 셈이다. 그러나 사람들은 인플레이션 시기까지 모두 포함해 빅뱅우주론이라고 한다.

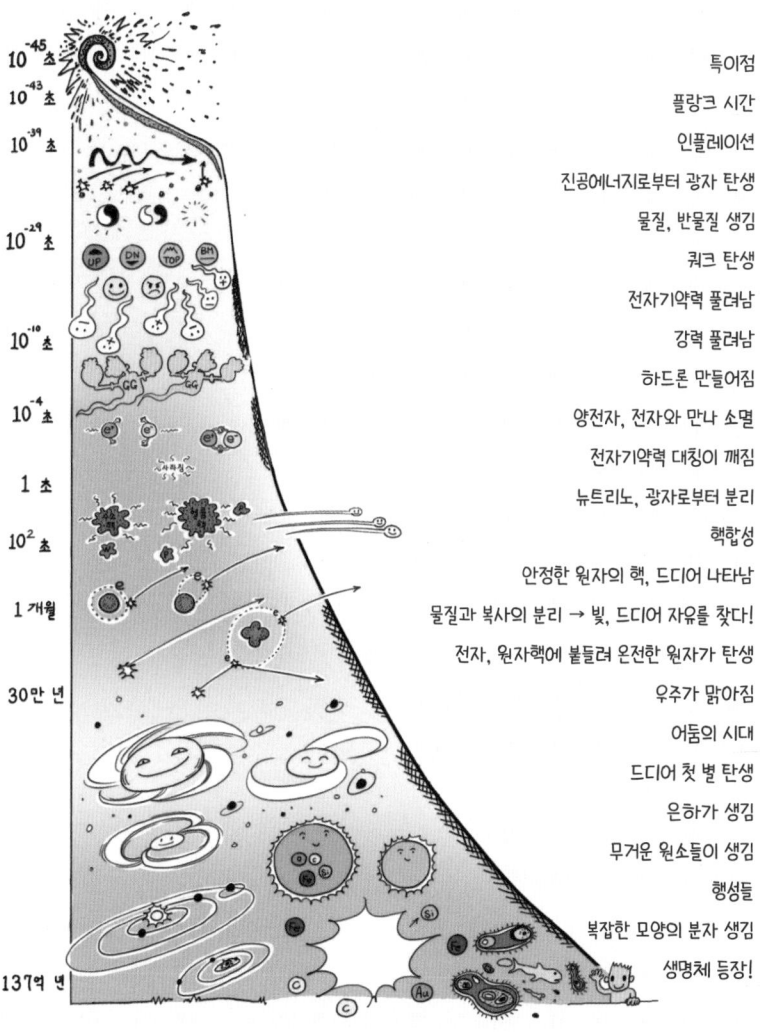

10^{-45} 초	특이점
10^{-43} 초	플랑크 시간
10^{-39} 초	인플레이션
	진공에너지로부터 광자 탄생
10^{-29} 초	물질, 반물질 생김
	쿼크 탄생
	전자기약력 풀려남
10^{-10} 초	강력 풀려남
	하드론 만들어짐
10^{-4} 초	양전자, 전자와 만나 소멸
	전자기약력 대칭이 깨짐
1 초	뉴트리노, 광자로부터 분리
10^2 초	핵합성
	안정한 원자의 핵, 드디어 나타남
1 개월	물질과 복사의 분리 → 빛, 드디어 자유를 찾다!
	전자, 원자핵에 붙들려 온전한 원자가 탄생
	우주가 맑아짐
30만 년	어둠의 시대
	드디어 첫 별 탄생
	은하가 생김
	무거운 원소들이 생김
	행성들
	복잡한 모양의 분자 생김
137억 년	생명체 등장!

인플레이션 우주

우주의 역사 초기에 빛보다 빠른 속도로 공간 자체가 팽창했다고 보는 인플레이션 우주론. 인간이 잴 수 없을 정도로 아주 짧은 시간 동안 급팽창이 있었는데, 이 간단한 과정이 들어감에 따라 빅뱅우주론이 가지고 있던 우주의 평편도 문제와 지평선 문제를 해결할 수 있었다. 모름지기 초기 조건이 모든 일에서 중요하다.

인플레이션 우주를 도입하니 우주의 지평선 문제를 풀게 되었다. 우주는 오늘날과 같은 속도로 부풀기 전에 벌써 엄청나게 큰 비율로 팽창되었고, 공간 자체가 늘어났기 때문에 당연히 우주의 모든 지역이 같은 상태였다. 우리가 현재 보는 우주는 원래 우주의 아주 작은 부분이었다는 말이다. 우리의 계산으로는 전혀 정보를 주고받을 수 없는 우주의 양 끝이 사실은 처음부터 한곳에서 빛의 속도보다 빠르게 팽창하던 때에 균등하게 정보를 주고받은 것이다. 그래서 우주가 생긴 지 30만 년이 흐른 뒤 자유를 얻은 빛들이 오늘날 온 사방에서 똑같이 발견된다.

인플레이션 우주는 빅뱅 우주 모형의 또 다른 문제인 우주의 편평도 문제를 해결해 주었다. 우주의 편평도 문제, 이것도 별로 와 닿지 않는 말이지만 설명하자면 이렇다. 지구는 공 모양이지만 지구가 너무 커서 우리는 둥근 땅 위에 산다는 생각을 하지 않는다. 나주평야가 편평해 보이는 것은 지구가 인간에 비해 너무 크기 때문이다. 지구가 둥글다는 것을 알아보려면 지구에서 멀리 떨어져야 한다.

우주도 마찬가지다. 우리가 볼 때 우주는 어떤 굴곡도 없는 것 같다. 다시 말해, 우주가 상식에 맞게 생겼다는 것이다. 우리 우주가 어떻게 생겼는지 알려면 우주에서 멀리 떨어져야 하지만 그런 일은 불가능하다. 과학자들은 우주가 이렇게 상식에 맞게 생긴 것은 우주의 역사 초기에 아주 정확하게 우주의 물질 밀도가 맞춰 있었기 때문이라고 한다. 우주가 오늘과 같은 모습이 되려면 우주 초기 밀도가 100조분의 1 자리까지 잘 맞춰진 환경이 필요하다는 것이다. 이것은 거의 불가능하다는 말과 같다. 우리는 생길 수 없는 우주에 살고 있는 셈이다.

그러나 우주가 점일 때 그 점이 빛의 속도보다 빨리 팽창해 야구공이나 축구공만 한 크기가 된 결과 우주의 나이보다 몇 배나 더 오래 팽창한 듯한 효과를 가져온다면, 나중에 나타날 지구인들은 자기가 어디 있는지 모르고 이 우주가 얼마나 큰지도 모른 채 우주는 편평하고 우주의 밀도는 지금이 딱 좋은 상태라고 생각할 것이다.

자, 그럼 이 상황을 좀 더 이해하기 쉽게 이야기를 하나 만들어 볼까 한다. 외계인과 지구인이 사이좋게 살아가는 영화 〈맨 인 블랙〉의 마지막 장면에는 구슬 크기로 줄어든 우주를 가지고 노는 거대한 외계인이 나온다. 그저 영화의 한 장면이지만 상상력을 자극하는 데 아주 훌륭한 도구가 될 수 있다. 우리 우주 밖에 우주를 마음대로 창조할 수 있는 '배고피아'라는 세계가 있다고 치자. 그곳에는 로토와 비슷한 '우주 만들기'라는 게임이 있다. 이 게임에서 이기려면 우주를 잘 만들어 생명체가 생기도록 해야 한다. 생명체를 만드는 데 성공하면, 자신이 창조한 우주의 생명체들 사이에서 신이 되어 살아 볼 기회가 생긴다.

출발~! 이 게임에서 내가 할 일은 적당한 에너지를 선택하는 것이다. 에너지를 알맞게 선택하면 에너지를 모아 작은 점에 밀어 넣는 장치가 작동하고, 내 손짓 한 번이면 그 점이 순식간에 부풀면서 뜨거운 물질과 에너지로 가득 찬 초기 우주가 된다. 초기 우주가 우아하게 팽창하면서 소립자가 생기고 원자가 생기고 예쁜 별과 아름다운 은하가 생긴다. 적당한 때가 되면 생명체가 생기기에 딱 알맞은 행성들이 생기고, 거기에 귀여운 미생물과 신기한 생물들이 생긴다.

이 게임에서 가장 재미있다고 할 수 있는 대목은, 내가 만든 생물들을 찾아가 신 노릇을 하면서 멀리 떨어진 행성에서 따로 생긴 생명체들이 치고받는 모습을 구경하는 것이다. 그러나 아쉽게도 배고피아에는 이 좋은 구경거리를 만드는 사람이 별로 없다. 게임을 시작할 때 에너지를 정확하게 맞추지 않으면 알맞은 양의 물질이 생기지 않기 때문이다.

‘딱’ 맞아야 대박이 난다. 초기 우주에 물질이 너무 많으면 팽창하는 듯하다가 다시 수축해 버려 별이나 생명체가 생기지 않기 때문에 생명체들의 싸움을 볼 수 없고, 물질이 너무 적으면 너무 빨리 팽창해 버려서 물질의 합성이 제대로 일어나지 않기 때문이다. 그러니 초창기 우주의 밀도를 100조분의 1 자리까지 잘 맞추어야 한다. 끝자리가 하나라도 절대 틀려서는 안 된다. 배고피아에서 벌어지는 이 게임에서 대박을 내리면 과학자들이 임계밀도라고 부르는 물질의 밀도를 초인적인 확률로 맞춰야 한다.

성공률이 너무 낮은 게임이다 보니, 배고피아 사람들의 불만은 하늘을 찔렀다. 게임에 참가하려면 적지 않은 대가를 치러야 하기 때문에 여기저기서 불만이 접수되었다. 게임 회사는 고심 끝에 우주 창조 초기에 인플레이션이라는 과정을 넣기로 했다. 그랬더니 편평한 우주를 만들기 위해 임계밀도를 딱 맞출 필요가 없어졌다.

빛보다 빠른 속도로 공간이 팽창하는 과정이 있었기 때문에, 빛은 우주의 나이만큼 달려도 우주의 한쪽 끝에서 반대쪽 끝까지 갈 수 없을 정도로 커졌다. 나중에 지적인 생명체가 나타날 무렵에는 우주가 너무 커지기 때문에, 가련한 생명체들은 자기가 어느 구석에 있는지조차 모르고 우주는 어디를 보나 편평하다고 생각할 것이다. 지구가 너무 커서 나주평야가 편평하게 보이는 것처럼 말이다. 어떤 경우라도 지적인 생명체들은 우주의 굴곡을 전혀 느낄 수 없다. 인플레이션 과정을 게임에 넣으면서 게임은 더 인기를 끌게 되었다.

자, 어떤가? 역시 이야기를 만드는 일은 재미있다. 편평한

우주를 합리적으로 설명하는 인플레이션 우주의 핵심을 고스란히 담은 이야기다. 구스의 인플레이션 우주는 빅뱅우주론이 가지고 있던 우주 지평선과 우주 편평도라는 두 가지 문제를 해결했다.

아울러, 왜 요즘은 자기홀극이 안 보이는지도 설명할 수 있었다. 인플레이션 이론을 넣고 다시 계산했더니 자기홀극은 150억 광년 크기의 우주에 하나꼴로 생겼다. 우리가 이 우주를 샅샅이 뒤지면 언젠가는 하나를 발견할 수 있다는 뜻이다. 거꾸로 말하면, 그래서 우리는 그 신비한 자석을 찾아볼 수 없다. 물론 배고피아에 사는 외계인이라면 찾을 수 있겠지만.

이쯤에서 이런 생각이 들 것이다. '빅뱅 이론의 문제를 단번에 다 해결한 인플레이션은 어떻게 일어나지?'

이제부터 그 이야기를 하려고 한다. 겁내지 마시라. 인플레이션이 일어난 이유는 의외로 간단하니까. 우선 물이 얼음으로 변하는 과정을 살펴보자. 일상에서 흔히 일어나는 일이니 이해하기 어렵지 않다.

물이 얼음이 되려면 물이 가진 에너지를 다 방출해야 한다. 액체 상태인 물을 이루고 있는 물 분자는 우리 눈에 안 보여도 아주 빠른 속력으로 움직인다. 또 물 분자를 이루고 있는 산소와 수소 원자들도 와들와들 떨고 있다. 우리가 갈증을 풀기 위해 들고 있는 컵에 담긴 물은 아주 평온한 것처럼 보여도 물 분자로서는 아주 아수라장인 상황이다. 아무리 복잡한 시장도 컵에 든 물 분자들보다 더 뒤죽박죽일 수 없다. 물 분자들이 가진 이 에너지를 빼앗으면 물 분자의 움직임은 둔해진다. 온도는 죽죽 내려간다. 불순물이 전혀 없는 물은 에너지를 계속 잃으며 영하 4℃까지 내려간다. 이것이 과냉각수, 너무 식은 물이다. 과냉각수는 외부의 아주 작은 충격에도 순식간에 얼어붙는다.

보통 물은 0℃가 되면 한동안 온도가 내려가지 않고 그 상태로 머무르는데, 그 사이에 액체였던 물이 고체로 상태변화를 일으킨다. 물 분자들은 일정한 간격을 두고 나란히 선다. 물 분자가 이렇게 배열되면 얼음으로 상태변화가 일어난 것이고, 온도는 다시 영하로 내려간다. 여기서 주목할 것은, 액체였던 물이 얼음으로 바뀌는 순간에 에너지를 얼마나 내놓을 수 있느냐 하는 것이다. 0℃인 물 1g이 0℃인 얼음으로 바뀌는 동안 내놓는 에너지는 80cal다. 온도의 차이는 없고 상태만 바뀌었을 뿐인데 80cal나 내놓는다. 100℃인 끓는 물이 0℃로 떨어지려면 100cal를 내놓는 것을 생각하면 상태변화를 일으키는 데 얼마나 많은 에너지가 드는지를 알 수 있다. 구스는 우주에도 상태변화가 일어났다고 생각했다.

구스가 인플레이션 우주를 상상하기 20여 년 전인 1964년, 펜지어스와 윌슨이 비둘기 똥을 열심히 닦고 있을 때 피터 힉스라는 물리학자가 자신의 이름을 딴 힉스장이라는 기발한 아이디어를 내놓았다. 그때는 자고 일어나면 새로운 소립자가 발견되었고, 새로 발견된 소립자에 이름을 붙이느라 라틴어를 다 쓰고 알파벳을 따와야 할 정도였다. 오죽하면 물리학계에서는 소립자를 발견하지 않는 과학자에게 노벨상을 주어야 한다는 우스갯소리까지 나왔다.

이런 상황에서 힉스는 그렇게 많은 소립자의 질량이 각각 다른 이유를 궁금해했다. 힉스는 진공이라고 여기는 상태가 사실은 아무것도 없는 것이 아니라 힉스라는 입자로 채워져 있다고 생각했다.

만약 여러분이 아끼는 스마트폰을 실수로 베란다에서 떨어뜨려 박살 냈다고 치자. 이 상황을 뉴턴이 설명한다면 지구의 인력이 스마트폰을 끌어당겼다고 말할 것이고, 아인슈타인이라면 지구의 중력으로 생긴 공간의 골짜기를 따라 스마트폰이 미끄러져 갔을 뿐이라고 할 것이고, 힉스라면 힉스 입자들이 스마트폰과 지표면을 바쁘게 오가며 빨리 잔디밭에 박히게 했다고 할 것이다.

힉스 입자와 힉스장에 관한 이론은 많은 사람의 관심을 끌었다. 전자기장은 빛이 중계자이고 강력은 글루온이 힘을 전달하는 매개 입자라는 것이 알려졌지만 중력은 그것을 전달하는 입자가 무엇인지 밝혀지지 않은 상태였기 때문에, 언젠가는 힉스 입자같이 중력을 전달하는 입자가 밝혀질 것이라고 믿고 있었다.

구스는 초기 우주가 힉스장으로 채워져 있었고 물이 과냉각되어 얼어붙는 것과 같은 과정이 힉스장에도 일어났다고 생각했다. 힉스장의 에너지 상태가 낮아지면서 얼어붙는 과정에 엄청난 에너지가 풀려나왔고, 그 에너지가 작은 점이었던 우주를 빛보다 빠른 속력으로 폭발하듯 부풀렸다. 그리고 그 에너지가 빛과 물질이 마구 뒤엉킨 죽을 만들었다. 그 과정에 힉스장에 녹아서 형태를 알아볼 수 없었던 네 가지 힘 가운데 중력이 가장 먼저 제 모습을 찾아 나왔다.

구스의 아이디어는 이렇게 간단했다. 구스의 스승이면서 약전자기력 이론으로 노벨상을 받은 스티븐 와인버그는 구스의 논문에 대해 듣고는 소리를 버럭 질렀다.

"아니, 그렇게 간단한 걸 내가 왜 못 생각했지?"

1979년 구스의 논문이 발표되고 지구 곳곳에서 이와 비슷한 문제를 고민하던 과학자들의 논문이 동시다발적으로 발표되었다. 인플레이션 이론은 폭발의 원인을 설명하며 진정한 빅뱅 우주론을 완성했고 빅뱅 이론이 가진 세 가지 문제를 단번에 해결했다.

그러나 여전히 문제는 있었다. '어떻게'라는 문제를 푸니 '왜'라는 문제가 불거졌다. 왜 인플레이션이 일어나야만 했을까? 왜 힉스장은 높은 에너지 상태에 머물지 않고 얼어붙기 위해 에너지를 방출해야 했을까? 인플레이션은 느닷없이 왜 멈추었을까? 빅뱅 이론이 인플레이션 다음에 서서히 일어난다고 말하는 팽창은 어떻게 결정될까? 공간도, 시간도, 에너지도 없는 '무'의 세계가 가능할까? 이제 이 우주의 팽창 속도가 늦춰지면서 다시 수축하는 날이 올까?

　한 가지 문제를 풀었더니, 모르는 것이 몇 개 더 나왔다. 아무래도 우주는 하나를 알면 열을 모를 공간인가 보다.

22

코비,
우주의 얼룩을
찾아라

　너무 깨끗한 물에는 고기가 살지 않는다. 털어서 먼지 안 나는 사람은 사귀기 힘들고, 흠집 하나 찾아볼 수 없는 가구는 쓰기 힘들고, 반들거리는 얼음판처럼 깨끗한 바닥은 피해 가고 싶다. 펜지어스와 윌슨이 발견한 우주배경복사가 이와 비슷했다. 이들이 발견한 우주배경복사는 우주의 모든 방향에서 고르게 나오고 있었다.

　우주배경복사의 발견은 빅뱅우주론을 강력하게 지지하는 증거가 되었지만, 역설적으로 우주배경복사의 등방성 ◆은 빅뱅우주론의 발목을 잡는 반증이 될 수 있었다. 우주배경복사가 균질하다는 것은 당시 우주의 물질이 고르게 퍼져 있었다는 뜻이고, 그렇게 고르게 퍼져 있다면 은하와 별이 생길 수 없기 때문이다. 어디에는 물질이 조금 더 모여 있고 어디에는 좀 덜 모여 있어야 한다. 그래야 물질이 더 모인 곳의 중력이 더 세져서 근처에 있는 물질을 끌어모아 은하가 생기고 별도 생긴다.

오늘날 우리가 보는 우주가 생기려면 우주의 역사 초기에 이런 불규칙성이 있어야만 한다. 그러나 펜지어스와 윌슨이 찾은 우주배경복사는 고르게 분포되어 있었다. 이래서는 은하와 별이 생길 수 없다. 이 찝찝한 문제를 풀지 못하면 빅뱅우주론은 언제든지 소수의 정상우주론자들과 빅뱅우주론을 반대하는 사람들로부터 공격받을 수 있었다.

이 문제가 풀리는 데는 시간이 아주 오래 걸렸다. 빅뱅우주론 지지자들은 우주배경복사에 분명히 불규칙성이 있을 것이라고 강하게 믿고 있었으나, 이를 증명할 기술이 없었기 때문이다. 과학자들의 생각을 이해하려면 파리 오랑주리미술관에 걸려 있는 모네의 〈수련〉을 보는 것이 가장 적절하다.

모네가 그린 〈수련〉은 미술관의 방 하나에 빙 두를 만큼 큰 그림이다. 이 방 한가운데 서면 수련이 떠 있는 연못 한가운데

✦ 물질의 물리적 성질이 방향이 바뀌어도 일정한 성질.

있는 것 같은 착각에 빠진다. 물과 수련이 진짜처럼 보인다. 그러나 그림 가까이 가서 그 수련을 들여다보면 문제가 많이 달라진다. 수련은 꽃이 아니라 물감을 덕지덕지 발라 놓은 물감 덩어리에 불과하기 때문이다. 돋보기를 들고 살피면, 물감을 바른 방향과 덧칠한 부분이 보이고 물감이 두껍게 발린 부분과 그렇지 않은 부분이 보인다. 돋보기를 치우고 그림에서 물러서면 그 물감 덩어리는 다시 꽃이 된다.

과학자들이 처한 상황도 이와 비슷했다. 좀 더 성능 좋은 장비가 나온다면 균질해 보이는 우주배경복사에 붓질 자국이 보이고 물질이 겹쳐진 것 같은 부분이 보일 것이다. 그것은 어떤 모습으로 보일까? 또 어떻게 하면 그것을 볼 수 있을까?

물질이 많이 모여 있는 곳은 중력이 세니까 빛이 빠져나오기가 힘들 것이다. 다시 말해, 배경복사의 파장이 조금 늘어나 적색편이를 일으킨다. 물질이 비교적 성글게 있는 곳에서는 빛이 빠져나오는 데 별로 힘들지 않을 것이다. 이 경우 중력이 센 곳보다 배경복사의 파장이 짧다. 밀리미터 파장을 지닌 우주배경복사는 당시 물질의 밀도 차이에 따라 이런 미묘한 차이가 생긴다. 문제는, 당시에는 이 작은 차이를 측정할 만한 기술이 부족했다는 것이다. 기술이 발전하려면 시간이 필요했다. 그러나 과학자들은 기술이 발전하기를 가만히 앉아서 기다리지는 않았다.

캘리포니아대학에서 우주배경복사를 찾는 실험에 참가하고 있던 조지 스무트는 구스와 같은 베이비 붐 세대 과학자다. 스무트도 MIT에서 수학과 입자물리학를 공부했고 반물질 분야에 관심이 있었다. 그런데 스무트는 구스보다 훨씬 활동적인 사람이었다. 그는 동료들과 반양성자를 찾기 위해 실험 장치를 만들고 그것을 기구에 매달아 하늘로 띄웠다. 그러나 이 실험은 문제가 많았다. 기구는 마음대로 조종할 수 없기 때문에 예상치 못한 곳에 자꾸 떨어졌다. 기구가 농가를 덮쳤을 때는 집이 다 부서져 큰 피해를 냈고, 길이 없는 숲에 떨어졌을 때는 커다란 벌레들과 싸우며 기구를 찾아야 했다.

스무트가 지은 책《우주의 역사(Wrinkles in Time)》에는 그가 기구 실험을 하며 고생한 이야기가 무용담처럼 나오는데, 그 부분을 읽다 보면 영화 〈토네이도〉가 생각난다. 반양성자와 토네이도는 모두 어디에서 나타날지 알 수 없고, 나타나는 기미가 보이면 그곳을 향해 달려가야 하고, 때로는 위험을 무릅써야 한다. 하지만 결과를 얻기는 너무나 힘들어 고생하는 과학자들의 모습이 잘 그려져 있다. 영화와 스무트의 이야기에 다른 점이 있다면, 영화 속 주인공들은 실험에 성공하지만 스무트는 반양성자를 찾지 못했다는 것이다. 그는 기구를 여러 번 띄웠지만 반물질을 찾지 못했고, 결국 팀원들은 각자 다른 연구 과제를 찾아 흩

어졌다.

　스무트는 제임스 피블스가 1971년 출판한 《물리적 우주론 (Physical Cosmology)》을 읽고 우주론에 관심을 갖게 되었다. 그는 우주배경복사를 더 정밀하게 관측하려면 검출 장치를 공기의 영향이 적은 하늘 높은 곳으로 올리는 수밖에 없다고 생각했다. 하지만 기구는 정말 쓰고 싶지 않았다. 반물질을 찾으려고 기구와 함께한 고생을 생각하면 기구는 어떻게든 피하고 싶었다. 그러나 뾰족한 방법이 떠오르지 않았다. 스무트는 헬륨으로 채운 기구에 마이크로파 검출기를 매달아 높은 곳으로 올린 뒤 우주배경복사를 측정했다.

문제는 역시 이 기구를 안전하게 착륙시키는 일이었다. 기구에 매달린 관측 장비를 땅에 안전하게 착륙시킬 확률은 로또에 당첨될 확률만큼 낮았다. 딱 한 번 마이크로파 검출기를 안전하게 회수할 수 있었지만 우주배경복사의 불규칙성을 찾을 수는 없었다. 스무트는 기구를 포기했다.

그다음으로 생각한 것은 전투기다. 스무트는 U-2 전투기에 마이크로파 검출기를 단 뒤 몇 달 동안 온 우주를 관측했다. 그는 우주배경복사에 미세한 차이가 나는 부분이 있는지 열심히 검사했다. 놀랍게도 무엇인가 있는 것 같았다. 그러나 그것은 우주배경복사의 차이가 아니라 우리은하가 이 우주를 시속 160만km로 달려가고 있기 때문에 생기는 효과였다. 이 연구에서 과학자들이 알아낸 것은, 우주의 역사 초기에 은하의 씨앗이 있었는지를 알려면 1000분의 1보다 작은 파장의 변화를 찾아야 한다는 것뿐이다.

스무트는 비행기로도 안 된다는 결론을 얻었다. 우주배경복사의 아주 작은 불규칙성을 찾으려면 공기가 없는 곳으로 가야 했다. 그러려면 방법은 오직 하나, 세상에서 가장 정밀한 마이크로파 검출기를 인공위성에 태워 우주로 보내는 수밖에 없다. 마침 나사(NASA)에서는 익스플로러 위성을 천문학에 이용할 프로젝트를 모집하고 있었다. 1974년 스무트는 우주배경복사를 측정하고 싶다는 연구 계획서를 제출했다.

그런데 이 연구에 관심을 보이는 과학자가 또 있었다. 나사는 세 팀의 연구 제안서를 하나로 합해 지원하기로 하고, 프로젝트에 우주배경복사 탐사 위성 코비(COBE)라는 이름을 붙였다. 이 탐사 위성에는 미세 적외선 배경복사 실험 장치, 원적외선 분광기, 차별 마이크로파 전파 측정기처럼 이름만 들어도 머리가 아픈 고성능 장비를 만들어 싣고 우주로 나갈 작정이었다. 그러나 1986년 1월 우주왕복선 챌린저호가 발사 직후 폭발하면서 승무원 7명이 모두 죽는 사고가 일어나는 바람에 코비가 우주왕복선을 타고 우주로 나갈 계획이 취소되고 말았다.

연구 계획서를 낸 지 12년, 연구원들은 자신들이 가장 왕성하게 일할 수 있는 30대를 이 프로젝트에 모두 바쳤기 때문에 코비가 그대로 녹슬게 둘 수는 없었다. 궁여지책으로 프랑스의 아리안 로켓에 코비를 실어 우주로 보내야겠다고 결심했다. 그러나 코비를 완성하도록 연구비를 댄 나사가 그렇게 하도록 둘 리가 없었다. 나사는 프랑스와의 협상을 당장 중지하라고 으름장을 놓았다.

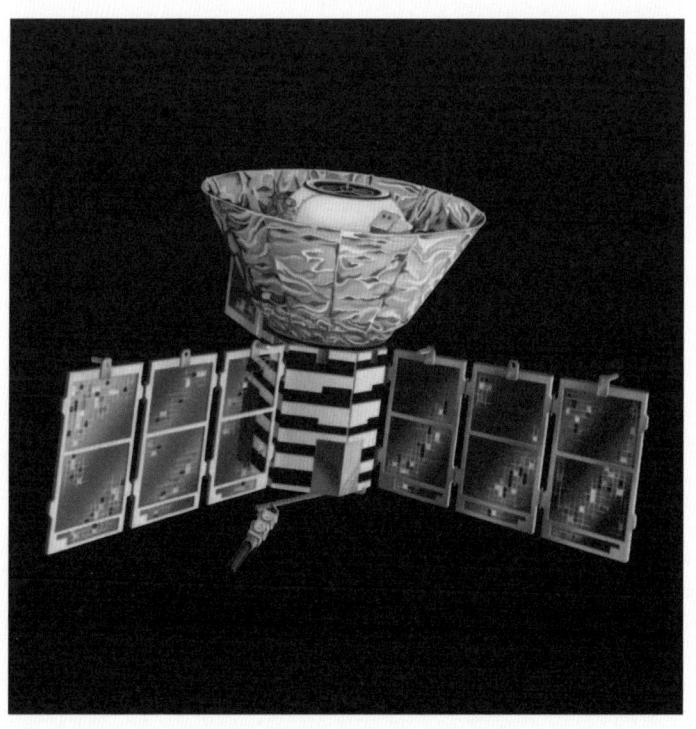

코비 위성

우주배경복사가 고르지 않다는 것을 증명하기 위해 15년간 계획하고 연구한 끝에 우주에 띄운 위성이다. 15년이라는 긴 시간이 걸린 것은 위성을 만드는 기술이 부족해서가 아니라 운이 없었기 때문이다. 그러나 한 가지 일에 몰두하는 사람들이 있는 한 그 일은 언젠가 반드시 이루어진다.

마침 코비 팀은 미국 내에서 델타 로켓을 만드는 맥도넬더 글러스사에 로켓 부품이 남아 있다는 정보를 입수했다. 사정 이 야기를 들은 델타 로켓 기술자들은 자식 같은 델타 로켓이 시험 미사일의 표적으로 사라지는 것보다 코비를 우주로 보내는 데 쓰는 것이 더 낫겠다고 생각했다. 그래서 코비 팀은 나사의 눈치 를 보지 않고 코비를 우주로 보낼 수 있게 되었다.

그러나 문제는 또 있었다. 코비의 몸집이 델타 로켓에 실려 우주로 나가기에는 너무 컸던 것이다. 코비는 몸집을 줄여야만 했다. 장비들은 살 빼기 작업에 돌입했다. 기능은 유지하면서 무 게를 줄이려고 노력했고, 어떤 것은 계획 자체를 접었다.

1989년 11월 18일, 나사에 처음 계획서를 보낸 지 15년 만 에, 드디어 코비가 델타 로켓에 실려 우주로 가게 되었다. 정말 지난한 세월이었다. 우주론에 관심 있는 사람들은 모두 코비가 우주로 가기를 기다리고 있었다. 코비의 우주행에 가장 감동을 받은 사람은 1948년 우주배경복사를 예견한 앨퍼와 허먼이다. 코비 팀은 두 사람의 업적을 기리기 위해 발사장에 그들을 초청 했고, 델타 로켓에 점화하기 전에 로켓의 머리 부분에 실린 코비 위성을 만져 보는 기회도 주었다.

과학자들의 기대 속에 델타 로켓은 성공적으로 지구 대기 를 벗어났고 코비 위성은 지구의 인공위성이 되었다. 그로부터

코비 관측 사진

우주의 나이가 30만 년일 때 이미 우주에 분포한 물질은 고르지 않고 뭉쳐져 여기저기 던져졌다는 사실을 증명하는 사진이다. 주변보다 조금이라도 물질이 많은 곳에는 더욱 많은 물질이 모여들었다. 중력에 따른 빈익빈, 부익부! 뭉쳐진 물질은 은하가 되거나 별이 되었을 것이다. 결국 우주 초기에 벌써 우주의 모습이 정해져 있었던 셈이다. 이 간단한 사진 두 장으로 빅뱅우주론은 거의 정설이 되었다.

2년 동안 위성에 실린 마이크로파 검출기는 온 우주를 샅샅이 훑으며 7000만 번이나 우주배경복사를 측정했다. 결과는 어땠을까?

1992년 4월 23일 워싱턴에서 열린 미국물리학회장에서 코비 팀은 모든 과학 교과서에 실리게 될 역사적인 그림 두 장을 발표했다. 코비 위성이 2년 동안 우주에서 측정한 마이크로파를 온도에 따라 다른 색으로 나타낸 지도 두 장이었다. 햄버거라고 불리는 우주배경복사 지도와 또 다른 지도였다. 프로젝트를 계획한 지 18년 만에 얻은 결과치고는 너무 소박해 보일지도 모른다. 그러나 지도의 내용은 절대 소박하지 않았다.

이 지도에 나타난 얼룩은 우주가 탄생한 지 30만 년, 즉 우주의 나이가 30만 살일 때 100000분의 1만큼 밀도 차이가 있었다는 것을 보여 준다. 우주가 균질한 것이 아니었다는 소리다. 빅뱅 후 30만 년이 지나는 동안 우주에는 작은 밀도 변화가 생겼고, 밀도가 높은 곳은 더 많은 물질을 끌어들여 은하와 별이 되었다. 138억 년 뒤 오늘날과 같은 우주의 모습을 갖출 씨앗이 이 시기에 벌써 뿌려져 있었다. 우주는 그 뿌려진 씨앗을 중심으로 은하와 별을 키워 지금과 같은 모습으로 진화한 것이다. 스무트는 기자회견에서 이런 말을 했다.

"우리는 지금까지 보지 못한 가장 오래된 초기 우주의 구조를 관측했습니다. 은하나 은하단같이 오늘날 우리가 보는 구조의 원시 씨앗이 실제로 있었습니다. 만일 여러분에게 신앙이 있다면, 이것은 신의 얼굴을 본 것과 같습니다."

《뉴스위크(Newsweek)》는 이 인터뷰 내용을 '신의 필체'라는 제목으로 실었다. 이것은 빅뱅우주론을 지지하는 더없이 중요한 증거였다. 프리드만, 르메트르, 허블, 가모브, 앨퍼와 허먼, 바데, 펜지어스와 윌슨, 구스와 린데, 코비 팀에 이르는 빅뱅우주론자들의 이론과 관측이 보수적인 과학계를 차지하고 있던 '변하지 않는 우주'라는 개념을 밀어냈다. 인간의 우주관에 혁명적인 변화가 일어났다.

드디어 우주론의 패러다임이 바뀌었다. 코비 팀의 스무트와 존 매더는 이 공로로 2006년 노벨 물리학상을 받았다.

23

허블 망원경,
아기 은하들을
보다

1980년대 천문학의 대중화에 가장 큰 공을 세운 사람은 단연 칼 세이건이다. 2000년대 초반에 천문학과 관련 있는 학문을 전공하는 학생들에게 왜 그 전공을 택했는지 물었는데, 많은 학생이 중·고등학교 시절에 《코스모스(Cosmos)》를 읽고 천문학을 공부해야겠다는 의지를 불태웠다고 대답했다. 우주에 관심 있는 사람이라면 한 번쯤 읽었을 《코스모스》는 1980년에 출판되었고, 출판과 함께 같은 제목의 텔레비전 다큐멘터리가 방영되었다. 책을 쓰고 프로그램을 직접 진행한 칼 세이건 박사가 과학자들 사이에서는 대중의 인기에 너무 신경 쓰는 것 아니냐며 비난

받기도 했지만, 다큐멘터리를 본 사람들은 스무트나 구스는 몰라도 칼 세이건은 안다. 그는 1940년대에 과학계의 비난과 대중의 인기를 함께 겪은 호일이나 가모브와 어느 정도 닮았다.

1990년대에는 천문학에 대한 대중의 관심이 허블 우주망원경 덕에 더욱 커졌다. 우주를 좀 더 자세히 보려는 천문학자들의 욕구는 망원경을 우주로 보내도록 했다. 공기의 방해 없이 깨끗한 영상을 얻을 수 있었기 때문에, 허블 망원경으로 찍은 천체 사진은 사람들의 관심을 끌기에 충분했다. 토성이나 목성처럼 가까이 있는 행성은 물론이고 태양만 한 별이 최후의 순간에 대기를 날려 버려 마치 행성처럼 보이는 행성상 성운이나 안드로메다은하까지, 벽에 걸어 둬도 좋을 만큼 깨끗하고 아름다운 천체 사진이 허블 망원경 덕을 톡톡히 본 것이다.

천문학자들은 허블 망원경을 사용할 시간을 얻기 위해 광적으로 달려들었다. 그러니 허블 망원경 사용 시간을 얻기는 하늘의 별 따기만큼 어려웠다. 그런데 어느 정신 나간 천문학자들이 아무것도 없는 빈 우주를 열흘 동안 바라볼 수 있도록 망원경 사용 시간을 달라는 계획서를 냈다. 그것도 한 팀이 아니라 두 팀이 동시에 말이다. 그들은 북두칠성 근처 빈 하늘의 사진을 찍겠다고 고집을 피웠다. 나사는 두 팀의 과학자들이 설득력 있는 이야기를 한다고 판단했다. 그들은 무엇을 보려고 했을까?

천문학자들은 우주가 태어난 지 30억 년쯤 되었을 때 은하들이 생겼을 것이라고 추측했다. 1990년대에는 우주의 나이를 150억 년으로 추정하고 있었다. 그때 나온 관측치로는 10억 년 단위까지만 추측할 수 있었고, 1억 년 단위는 정확하게 알 수 없었다. 그러니 우주의 나이가 30억 년이라는 것은 지금부터 120억 년 전을 뜻하고, 우리로부터 120억 광년 떨어진 은하를 봐야 한다는 것이다.

아기 은하들은 아주아주 먼 곳에 있다. 이렇게 멀리 있다면 은하에서 오는 빛이 아주 약할 것이고, 그 약한 빛을 알뜰하게 모으려면 지구 둘레를 도는 허블 우주망원경을 이용하는 수밖에 없다. 만약 우주의 나이가 30억 년일 때 생긴 아기 은하들을 볼 수만 있다면, 빅뱅 이론은 더 탄탄한 증거를 갖는 셈이다. 천문학자들의 계획은 이런 것이었다.

상황은 예전과 많이 달랐다. 천문학이 인기 학문으로 부상하고 우주론의 시대가 다가오고 있었다. 우주론은 천문학, 물리학, 공학 등 거의 모든 학문의 집합 분야가 되고 있었다. 나사는 기꺼이 두 팀의 의견을 받아들여 이 무모한 관측에 망원경 사용 시간을 내주었다. 1995년 12월 18일부터 28일까지 허블 망원경은 큰곰자리의 한 지점, 아무것도 보이지 않는 곳에 머리를 들이밀고 사진을 찍어 댔다. 그 지점은 연필 끝으로 가려질 만큼 작은 구역이었다.

관측이 끝나자 사진에는 그야말로 놀라운 것들이 찍혀 나왔다. 꼬물거리는 애벌레 같은 은하들이 2000여 개나 찍힌 것이다. 이것이야말로 우주의 갓난쟁이 시절 사진이었다. 연필 끝으로 가려질 만큼 작은 구역에서 얼핏 본 것만으로도 2000여 개의 은하가 있다면, 이 우주에는 도대체 얼마나 많은 은하가 있을까? 더 놀라운 것은 아기 은하들의 모습이 우리은하 가까이에 있는, 우리가 벌써 알고 있는 은하와 아주 비슷하다는 점이다. 가만히 생각해 보면, 이것은 참 이상한 일이다.

우리은하에는 새로 태어나는 별들이 많다. 그러나 우리은하 근처에 새로 태어나는 은하는 없다. 이것은 마치 내 수명은 100년이지만 내 몸을 이루고 있는 세포들의 평균수명은 100일 남짓이라, 세포는 끊임없이 죽고 새 세포로 바뀌어도 나는 그대로 살아 있는 것과 같은 상황이랄까. 은하 안의 별들은 태어나고 죽기를 반복하는 세포와 같고, 은하는 우리 몸과 같다. 인간과 은하가 다른 점은, 인간은 지구라는 생태계 안에서 또다시 태어나고 죽기를 반복하지만 은하는 우주의 역사 초기에 동시에 태어나 우리를 품은 채 천천히 나이를 먹어 간다는 것이다. 태양도 우리은하를 구성하는 세포와 같은 존재다.

1996년에 공개된 '허블 딥 필드' 사진은 우리가 빅뱅 이후

허블 익스트림 딥 필드

'허블 딥 필드'가 공개된 이후, 관측 장비가 더해지며 허블 망원경으로 매우 희미한 은하까지 볼 수 있게 되었다. 이 사진은 10년 간 총 200만 초를 노출해 얻은 2000장의 이미지를 합성한 것으로, 약 5500개의 우주 초창기 은하들이 관측된다.

에 우주가 걸어온 길을 제대로 짚어 내고 있다는 증거가 되었다. 물론 과학자들은 커다란 가스 덩어리에서 은하들이 분리된 뒤 거기에서 별이 생겼는지, 별들이 생긴 뒤 그 별들이 모여 은하가 되었는지를 놓고 논란을 벌였다.

그 와중에 과학자들은 우주에는 눈에 보이는 것만 있는 게 아니라는 사실을 알게 되었고, 눈에 보이지 않는 무엇인가가 있어야만 은하가 생길 수 있다는 사실도 알게 되었다. 눈에 보이지 않는 암흑물질에 대한 이야기는 1930년대부터 나오고 있었다. 다만 새로운 이론이 늘 그렇듯이 그때는 아무도 들으려 하지 않았을 뿐이다. 그 이야기는 괴짜 물리학자인 츠비키로부터 시작되었다.

24

암흑물질의
귀환

　허블이 윌슨산천문대에서 후커 망원경으로 안드로메다은
하가 우리에게서 멀어져 가고 있으며 다른 외부은하들도 적색
편이를 보이면서 우리로부터 달아나고 있다는 사실을 알아내
세계 과학자들을 놀라게 할 무렵 그곳에는 프리츠 츠비키라는
괴팍한 물리학자가 있었다.

　'피곤한 빛 이론'을 내놓은 물리학자인 츠비키는 괴팍한 언
행 때문에 항상 구설수에 올랐다. 그러나 그는 중성자로만 이루
어진 중성자별을 예측했고, 발터 바데와 함께 '초신성'이라는 단
어를 만드는 등 창의적이고 직관이 뛰어난 과학자였다. 그런 그

가 1930년대 초반에는 머리털자리에 있는 외부은하단의 집단 운동에 관심을 두었다. 370만 광년 떨어져 있는 이 은하단에는 수천 개의 외부은하가 모여 있다. 츠비키는 무리 지어 있는 외부 은하들이 어떻게 움직이는지 유심히 관측했다. 우선 은하의 개 수를 세고 평균 밀도를 곱해 은하단의 질량을 계산했다. 그다음 으로 은하들의 운동 속도를 하나하나 측정했다. 물론 그는 피곤 한 빛 이론 대신 도플러 이론을 이용했다.

그랬더니 이해할 수 없는 결과가 나왔다. 그가 은하들의 질 량을 바탕으로 계산한 것보다 은하들이 100배나 빠른 속도로 움직이고 있었던 것이다. 그 정도로 빠르면 은하들은 무리 짓지 못하고 뿔뿔이 흩어져 그 자리에 모여 있을 수가 없다. 비 오는 날 우산을 쓰고 가다가 우산 손잡이를 돌리면 물방울이 사방으 로 튀는 것과 같은 이치다. 그러나 외부은하들은 마치 서로 끈으 로 고정된 것처럼 빨리 움직이면서도 흩어지지 않고 모여 있었 다. 좀 더 과학적으로 이야기하면, 중력이 훨씬 큰 어떤 것이 은 하단에 있어서 은하들이 빠른 속력에도 탈출하지 못하도록 붙 들고 있는 것처럼 보였다. 참 이상한 일이었다.

츠비키는 외부은하들이 이렇게 행동하는 이유는 하나, 은 하단에 우리 눈에는 보이지 않는 암흑물질이 숨어 있기 때문이 라고 생각했다. 암흑물질은 우리 눈에는 보이지 않지만 질량이 있다. 외부은하들이 우리가 생각하는 것보다 더 무거운 물질들 사이에서 인력에 끌려 붕괴하지 않을 방법은, 더 빨리 움직이는 것이다. 외부은하 사이사이에는 검은 바탕을 배경으로 보이지 않는 물질들이 있고, 그 물질들은 중력이라는 힘으로 외부은하들을 조종하고 있다는 것이 츠비키의 생각이었다.

우리는 별이나 성운처럼 빛을 내는 것만 볼 수 있다. 그러나 우주에는 블랙홀과 작고 어두운 왜성처럼 눈에 보이지 않는 천체도 있고, 근처에 별이 없어서 빛을 반사할 수 없는 암흑성운과 아직 정체를 알 수 없는 물질들이 있다. 츠비키는 이런 암흑물질이 우주에 숨어 있다고 주장했다. 그러나 암흑물질에 관한 주장에 귀를 기울이는 사람은 없었다. 게다가 츠비키는 괴팍한 언행을 일삼는 변방의 과학자 취급을 받고 있었다. 그런 사람이 주장하는 암흑물질은 피곤한 빛 이론만큼 터무니없이 들렸다.

1930년대 과학자들은 우주가 팽창한다는 사실을 안 지도 얼마 되지 않았기 때문에 암흑물질이라는 개념을 받아들일 준비가 전혀 되어 있지 않았다. 어떤 분야에서든 너무 일찍 피는 꽃은 제대로 대접받지 못한다. 생전에 이룬 업적이 사후에 인정받는 일도 역사에 자주 있다. 츠비키는 너무나 일찍 암흑물질을 예견하는 바람에 전혀 관심을 모을 수 없었다.

잊혀 가던 암흑물질의 바통을 가모브의 제자였던 베라 루빈이 이어받았다. 루빈도 레빗, 페인처럼 보수적인 남자 과학자들에게 둘러싸여 온갖 편견과 싸운 여성 천문학자다. 루빈은 한 은하 안에 있는 별들의 운동에 관심이 있었다. 그래서 안드로메다은하에 있는 별들의 운동을 관측하다가 흥미로운 사실을 알게 되었다. 은하 중심부에 있는 별과 나선팔에 있는 별의 속력이 거의 같았던 것이다. 이것이 얼마나 이상한 일인지 알려면 태양계를 살펴보면 된다.

태양계의 질량 중심은 질량의 99%를 가지고 있는 태양이다. 태양 둘레를 도는 행성들은 오로지 태양의 눈치만 보면서 움직인다. 태양과 가장 가까이 있는 수성은 태양의 중력을 가장 강하게 느끼는데, 수성이 태양에 빨려 들어가지 않으려면 빠르게 움직이는 수밖에 없다. 그리고 태양계의 가장 바깥에 있는 해왕성은 태양 중력의 손길이 훨씬 약하게 닿기 때문에 수성보다 천천히 돌아도 태양에 끌려가지 않는다. 자, 그렇다면 은하에 있는 별들의 속력이 어때야 하는지 예상할 수 있을 것이다.

은하의 중심에 있는 팽대부는 은하의 질량 대부분을 가지고 있다. 그래서 중심부 가까이에 있는 별은 빠른 속력으로 은하를 공전하고 나선팔 부근에 있는 별은 천천히 은하를 돌아야 맞다. 이런 상황과 가장 잘 맞는 예는 피겨스케이팅 선수들의 바람개비 쇼다. 한 선수를 가운데 두고 양쪽으로 다섯 명씩의 선수들이 서로 반대 방향으로 돈다. 가운데 있는 선수는 거의 한자리에서 빙글빙글 돌아야 하지만, 양 끝에 있는 선수들은 열심히 큰 원을 그리면서 돌아야 한다. 그러다 보니 양 끝에 있는 선수들은 처져서 질질 끌려가기도 한다.

나선팔에 있는 별들은 그렇게 움직여야 한다. 그러나 루빈의 관측 결과는 그렇지 않았다. 나선팔 부근에 있는 별들이 예상보다 훨씬 빨리 돌고 있었던 것이다. 이 속력대로라면 나선팔에 있는 별들은 은하에서 튕겨야 한다. 그러나 별들은 나선팔에 단단히 박힌 채 유유히 공전하고 있었다. 어떻게 된 일일까?

루빈의 결론은 우리가 보지 못하는 물질이 구름처럼 은하를 공 모양으로 둘러싸고 있어서 은하는 우리가 그동안 알던 것보다 훨씬 무겁다는 것이었다. 그 묵직한 질량이 만들어 내는 중력을 견디면서 별들이 빨려 들지 않으려면, 나선팔에 있는 별들은 우리가 계산한 것보다 훨씬 더 빨리 돌아야 한다. 별들의 운동을 좌지우지하는 보이지 않는 실세들은 광자를 흡수하거나 내놓지 않는다. 반사도 하지 않는다. 그래서 암흑물질이라는 이름이 붙었다. 암흑물질은 오로지 중력을 발휘해 자신의 모습을 드러낸다.

1969년 루빈은 츠비키가 부르짖던 암흑물질을 암흑의 세계에서 불러냈다.

암흑물질은 또 다른 방법으로 지구인들에게 존재감을 드러냈다. 바로 중력렌즈였다. 허블 우주망원경이 찍은 사진 중에는 아주 흥미로운 것이 있었다. 사진은, 유화물감으로 아기 은하들을 그렸는데 누군가 물감이 마르기 전에 둥근 냄비 뚜껑을 놓았다 뗀 것처럼 둥근 자국이 찍혀 있었다. 천문학자들은 이 사진을 보는 순간 이것이 바로 중력렌즈 때문에 생긴 영상이라는 것을 알았다.

만약 어떤 은하와 지구 사이에 거대한 은하단이 있다면, 은하단 전체가 가진 중력이 렌즈 구실을 한다. 아기 은하들로부터 나오는 빛은 거대한 은하단 근처를 지나갈 때 휘어져 아이스크림콘 모양의 빛다발을 이루며 지구로 온다. 콘의 꼭짓점에 해당하는 부분이 눈으로 들어오는 것이다. 지구에서 이 모습을 보면, 그 은하가 거대한 은하를 중심으로 빙 둘러선 것 같다. 이런 현상을 아인슈타인 고리라고 부른다. 허블 우주망원경이 찍은 아벨 2218 사진은 아인슈타인 고리의 대표적인 예로, 암흑물질이 있다는 또 다른 증거가 되었다.

암흑물질의 존재에 눈을 뜬 과학자들은 부리나케 공학용 계산기를 두드려 계산했다. 그랬더니 놀랍게도 우주에 있는 모든 은하를 합한 것보다 암흑물질이 5, 6배나 많았다. 이 우주에는 눈에 보이는 것보다 안 보이는 것이 더 많았다.

아벨 2218 성운

작은 벌레처럼 보이는 천체는 별을 1000억 개 이상 가진 외부은하들이다. 이 사진을 자세히 보라. 이 외부은하들 사이에 누가 물 묻은 컵을 놓았다 치운 뒤 남은 물 자국 같은 것이 보일 것이다. 누가 우주에 물 자국을 냈는가? 주인공은 중력이 무지무지 큰 알 수 없는 물질이다. 빛은 직선으로 나가지만 공간이 휘어 있다면 휘어 있는 공간을 따라간다. 저 멀리서 빛나는 외부은하들과 우리 사이에 커다란 중력을 가진 무엇인가가 있다면 그 공간은 휜다. 이것은 둥글고 투명한 유리 접시 아래 놓인 신문을 보는 것과 비슷하다. 신문의 글씨는 마구 휘어져 있을 것이다. 외부은하에서 출발한 빛은 휜 공간을 따라 여행하다 그 일부가 우리 눈에 들어온다.

인간이 오감 가운데 눈에 90% 의지해 살아간다는 사실, 우주를 바라보는 방법은 거의 전적으로 빛에 의존한다는 사실을 생각할 때 이것은 매우 충격적인 결과다. 오히려 시각보다 다른 감각이 더 발달한 맹인이 우주 시대를 살아가기 유리하지 않을까 하는 생각이 든다. 또 현대 과학이 알려 주는 증거들의 속삭임에 귀를 기울여 본다면, 공상과학소설에 적외선을 보는 외계인보다는 중력의 분포를 보거나 암흑물질의 존재를 실제로 느끼는 외계인이 좀 더 자주 나와야 한다. 광활한 우주를 자주 여행하는 외계인이라면, 중력의 골짜기를 보는 능력이 적외선을 보는 능력보다 훨씬 쓸모 있을 것이다. 하긴 그런 능력이 있는 외계인이 물질로 만들어진 우주선을 타고 다닌다는 것이 더 이상할지도 모르겠지만!

빅뱅우주론 옹호자들에게는 우주에 있는 물질이건 암흑물질이건 모든 것이 골칫덩어리였다. 이 우주가 빅뱅을 거친 뒤 공간을 팽창시키며 우리 같은 지적인 생물이 나타나기까지, 이 모든 것이 가능하려면 우주에는 적당한 물질이 있어야 한다. 물질은 너무 많아도, 너무 적어도 안 된다. 과학자들은 많거나 적지 않은 적당한 양을 임계밀도라고 부르는데, 문제는 빅뱅 이론에 따라 계산한 임계밀도와 현재 우주를 이루고 있는 물질의 밀도가 전혀 맞지 않는다는 것이었다. 우리가 관측할 수 있는 은하를 모조리 세서 질량을 계산했더니 임계밀도의 4%밖에 되지 않았다. 이것은 이 우주에 물질이 턱없이 모자라서 이 우주는 팽창하는 힘을 이길 길이 없고 결국 한없이 퍼져 나가 아무것도 남지 않는다는 뜻이다.

암흑물질을 찾자 천문학자들은 잠시 기뻤다. 우리 눈에 보이지는 않아도 이 우주에 질량을 더해 줄 수만 있다면, 우주는 더 무거워지고 팽창 속도는 점점 줄어 언젠가는 안정한 우주가 될 것이기 때문이다. 그러나 기쁨은 잠시뿐이었다. 아무리 후하게 쳐도 암흑물질은 임계밀도의 26%밖에 채우질 못했다. 물질과 암흑물질, 둘을 합쳐도 겨우 30%! 이 사실이 맞다면, 이 우주는 머지않아 마구 팽창해서 은하들은 서로 멀어지고 별들도 뿔뿔이 흩어져 밤에도 별 하나 보이지 않아 고독해질 것이다.

지구인들은 아무도 그런 상황이 벌어지길 바라지 않는다. 우리가 바라는 평안한 우주가 이어지려면 이 우주에는 임계밀도를 채울 무엇인가가 있어야 한다. 나머지 70%는 대체 어디 있단 말인가?

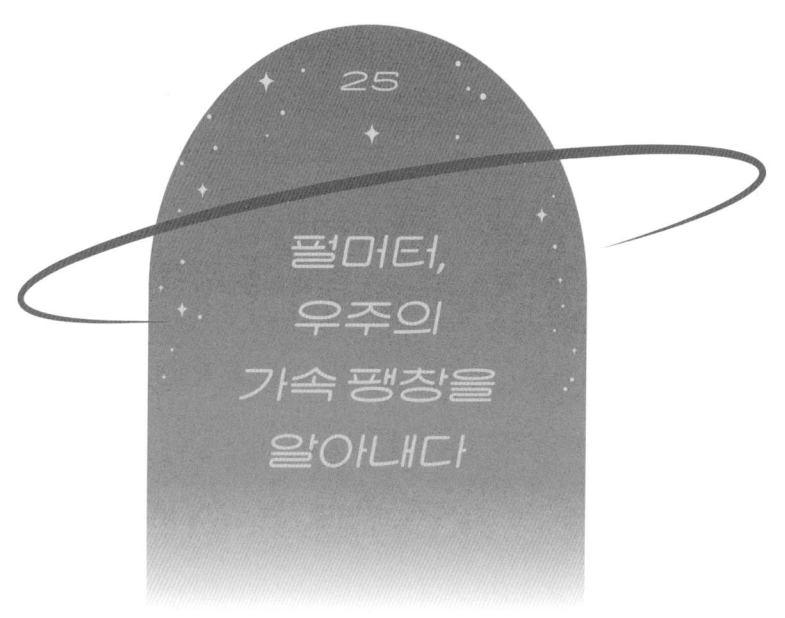

25

펄머터,
우주의
가속 팽창을
알아내다

우주는 그 자체가 타임머신이다. 달빛은 지구에 오는 데 2초가 걸리고 태양빛은 8분이 걸린다. 우리가 2초 전의 달과 8분 전의 태양만 볼 수 있다는 말이다. 그러니 태양에서 강력한 태양풍이 불 때 도망갈 시간이 8분밖에 없다. 물론 초자연적인 방법으로 태양풍이 태양을 떠났다는 사실을 미리 알았을 때 그렇다는 말이다.

이와 마찬가지로 안드로메다 성운은 200만 년 전의 모습이고, 1억 광년 떨어진 외부은하를 본다면 그것의 1억 년 전 모습을 보는 것이다. 1990년대 후반에는 우주의 나이를 150억 년으로 추정하고 있었으니까, 이 외부은하는 우주의 나이가 149억 년일 때의 모습을 보여 주는 것이다. 이제 더 욕심을 부려 100억 광년 떨어진 외부은하를 보고 있다면, 그것은 우주의 나이가 50억 년일 때 모습을 보는 것이다. 또 당시에 우주배경복사는 우주가 태어나고 30만 년 후에 나타났다고 알고 있었으니까, 이 것은 우주의 거의 끝인 149억 9970만 광년, 즉 우주의 거의 끝 에서 온 빛이다. 안타깝게도 우주배경복사 뒤쪽은 볼 수 없다. 그곳은 너무나도 뜨거운 불덩어리 상태라 빛마저 엉겨 있고 아 직 어떤 빛도 탈출하지 못한 곳이기 때문이다. 우리는 태양 속을 들여다볼 수 없는 것처럼 우주의 끝도 볼 수 없다.

이렇게 인내심을 가지고 우주를 관측하면 영화를 거꾸로 돌리며 보는 것과 같은 일을 할 수 있다. 그러나 우주 전체가 지 금 이 순간 어떤 모습인지는 아무리 애를 써도 알 수 없다.

미국 캘리포니아의 로렌스버클리연구소에 있던 사울 펄머 터는 우주 공간에 있는 타임머신의 성질을 이용해 우주가 태어 나서부터 지금까지 어떻게 팽창했는지를 알아보기로 했다. 저 면 곳에 있는 외부은하의 시선속도를 차례대로 조사하면 우주 의 각 나이 때마다 이 우주가 얼마나 팽창하는지 알 수 있다. 펄 머터는 이렇게 잘 조사하면 현재에 가까울수록, 다시 말해 우리 은하단에 가까운 곳일수록 팽창 속도가 느려질 것이라고 생각했다. 그래야만 우주가 평온한 상태를 맞이하고 영원히 계속될 것이기 때문이다.

가장 먼저 해야 할 일은 외부은하들의 거리를 정확하게 재는 것이었다. 우주 공간에서 천체의 거리는 마치 우주의 역사라는 영화의 러닝타임과 같다. 멀리 있는 것일수록 영화의 앞부분이다.

우주에서는 거리가 곧 시간이다. 펄머터는 먼 외부은하의 거리를 재기 위해 초신성을 이용하기로 했다. 이것은 그동안 우주의 촛불이라고 여긴 세페이드변광성보다 밝은 우주의 등대가 될 수 있었다. 태양보다 10배 이상 무거운 별은 생을 마감할 때 어마어마하게 큰 폭발을 일으킨다. 그 폭발 덕분에, 죽음을 맞이한 별은 1000억 개의 별이 모인 은하와 맞먹을 정도로 밝게 빛난다. 그래서 밤하늘에는 가끔 없던 별이 생기는데, 사람들은 새로 나타났다는 뜻에서 새 신 자를 붙여 초신성(超新星)이라는 이름을 지어 주었다. 하지만 지금 알아본 것처럼 초신성은 죽음을 맞는 별이다.

우리에게 잘 알려진 초신성은 1054년 게자리에 나타난 것으로, 어찌나 밝았던지 낮에도 보였고 그 잔해가 지금은 10광년 크기로 뻗어 있다. 어림짐작으로도 1세기에 1광년씩 잔해가 퍼져 나갔다는 것이니, 얼마나 빨리 퍼져 나가는지를 알 수 있다.

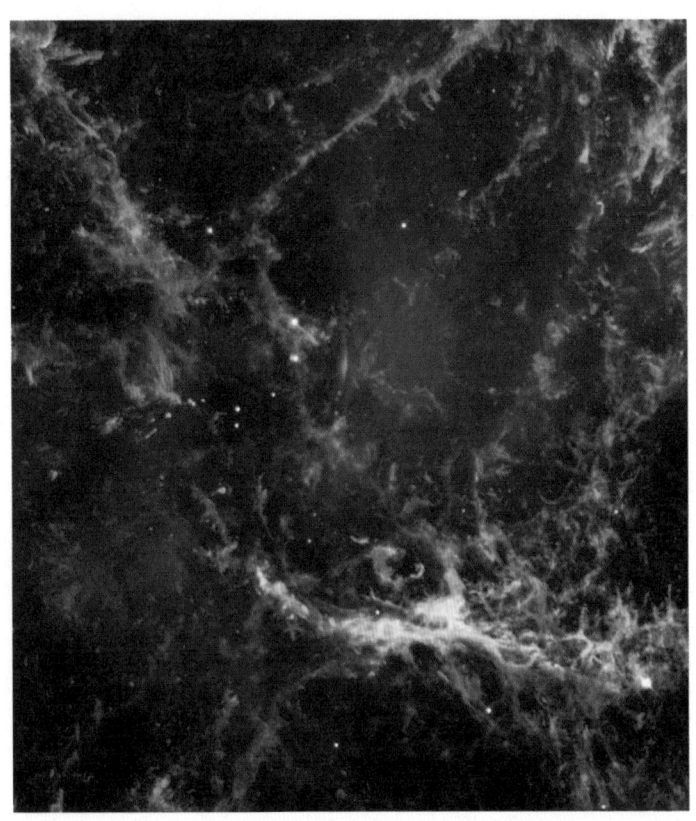

게자리 성운 M1

게자리 성운을 이루고 있는 물질은 옛날에는 멀쩡한 별을 이루고 있던 물질이었다. 태양보다 수십 배 또는 수백 배 이상 무거운 별들은 마지막 순간에 은하와 맞먹을 정도의 강렬한 빛을 내며 폭발한다. 이것이 바로 초신성. 죽음의 순간이 화려하고 밝다 보니 천문학자들에게는 우주의 등대로 귀한 대접을 받는다. 폭발과 동시에 별을 이루고 있던 물질은 밖으로 퍼져 나간다. 퍼져 나간 물질은 오늘도 멈추지 않고 계속 퍼진다. 천문학자들은 퍼져 나가는 속력을 측정해 언제 폭발한 초신성인지 알아낼 수 있다.

그리고 초신성 폭발의 위력이 얼마나 대단한지도 알 수 있다.

펄머터가 우주의 등대로 정한 것은 초신성 중에서도 1a형 초신성이다. 1a형 초신성은 별 2개가 서로 돌고 있는 쌍둥이별일 때 생긴다. 쌍둥이별 중에서도 한쪽이 백색왜성이고 다른 한쪽이 적색거성이라면, 백색왜성이 앞으로 1a형 초신성이 될 확률이 높다. 태양만 한 별이 최후의 순간을 맞이하면 거죽 부분을 조용히 날려 보내고 핵에 해당하는 부분은 지구만 한 크기로 쪼그라들어 무거운 백색왜성으로 남는다. 백색왜성은 핵융합반응을 더는 못해도 전성기의 열 때문에 여전히 뜨끈뜨끈하다. 적색거성은 노년기에 있는 별로, 전성기는 지났지만 아직 가스로 이루어진 거죽을 가지고 있다. 이렇게 쌍둥이별 중 하나는 백색왜성이고 하나는 적색거성인 단계에 이르면 곧 쇼가 시작된다.

적색거성의 부푼 대기 중 한쪽이 솜사탕이 잡아당겨지듯 늘어나서 백색왜성 주위를 빙빙 돌다가 백색왜성으로 떨어진다. 백색왜성은 적색거성의 대기를 후루룩 빨아들여 점점 무거워진다. 그건 당연하다. 계속 먹는데 살이 안 찔 수 없지 않은가. 그러다 백색왜성의 질량이 태양의 1.4배를 넘어서면 놀라운 일이 벌어진다. 백색왜성이 갑자기 팍 쪼그라들면서 엄청난 열과 에너지가 생기는데, 이 에너지 때문에 순식간에 폭발하고 만다. 이것이 바로 1a형 초신성이다. 적색거성의 부푼 붉은 대기는 불에 기름을 끼얹는 구실을 하고 있었던 것이다.

백색왜성의 질량이 태양의 1.4배가 넘으면 스스로 중력을 이기지 못해 붕괴하고, 그 때문에 별을 이루고 있던 원자핵과 전자가 가까워져서 중성자가 되어 버린다. 태양 질량의 1.4배는 백색왜성으로 조용히 생을 마감할지 중성자별이 될지를 결정하는 중요한 조건이다. 1a형 초신성은 폭발 당시 질량이 일정하고 폭발하는 순간의 최대 밝기도 거의 같다. 또 폭발 후 밝기가 줄어드는 유형도 같다. 이렇게 모든 신상이 낱낱이 알려진 1a형 초신성! 천문학자들에겐 이보다 좋은 등대가 있을 수 없었다.

사울 펄머터는 1a형 초신성을 관측하기 위해 태평양 한가운데로 향했다. 하와이섬 마우나케아산 꼭대기에 있는 켁 망원경은 초신성을 쫓기에 가장 좋은 장소에서 외부은하들의 달리기 기록을 가장 잘 측정할 수 있는 도구였다.

하와이 마우나케아산은 높이 4300m의 화산으로 이곳에는 공기가 해변의 절반 정도밖에 없어서 가만히 서 있기만 해도 숨이 차다. 폐활량이 적은 사람은 수시로 일어나는 땅을 피해 몸을 움직이지만 옆에 있는 사람에게는 술에 취해 비틀거리는 것으로 보인다.

공기가 적다는 것은 천문학자들에게 아주 매력적인 조건이다. 공기를 통해 별을 보는 것은 개울 바닥에 있는 돌을 보는 것과 같다. 물은 쉬지 않고 흐르기 때문에 바닥에 있는 조약돌은 생명이 있는 것이 아닌데도 살아 움직이는 것처럼 보인다. 별도 마찬가지다. 공기는 여러 층이 있어서 별빛을 마구 흔들어 놓는다. 그 덕분에 우리는 반짝거리는 별을 보며 낭만적인 시를 읊지만, 천문학자들은 너무 반짝이는 별은 그다지 좋아하지 않는다. 아, 공기만 걷어 낼 수 있다면 천문학자들은 무슨 짓이든 할 것이다!

마우나케아산 꼭대기는 화성에나 있을 법한 붉은 흙으로 덮여 있고 그 사이사이에 지구에서 가장 큰 망원경들이 우글우글 모여 있다. 모두 공기가 없는 곳을 찾아 온 천문대들이다. 그 중 켁천문대는 돔 두 개가 나란히 있는 쌍둥이 돔이라 알아보기가 아주 쉽다. 여기에는 제미니라는 쌍둥이 망원경이 있는데, 그 중 하나는 남반구 하늘을 보기 위해 칠레에 가 있다.

켁천문대는 일반인이 망원경을 볼 수 있도록 두꺼운 유리로 막은 방이 있는 유일한 천문대다. 고산병을 이기고 마우나케아산 꼭대기에 간 사람이라면 누구든지 이 방에 들어가 보라는 권유를 받는다. 방문자 갤러리라는 표지판이 붙은 문을 열고 들어가면 거대한 철골들이 얼기설기 얽힌 것이 보일 것이다. 웅장한 원통 모양의 망원경이 눈앞에 나타날 것이라고 생각한 사람들에게는 몹시 실망스러운 일이다. 하지만 그 철골들이 무엇인지 알고 나면 실망은 곧 경외로 바뀐다. 그 철골들은 지름이 10m나 되는 렌즈를 지지하는 경통에 해당하는데, 너무나 거대해서 한눈에 들어오지 않고, 아무도 그것을 알아보지 못한다. 켁 망원경의 거대한 렌즈는 그 자체의 무게만도 엄청나기 때문에 경통까지 무거우면 도저히 움직일 수가 없다. 망원경의 렌즈가 커지면서 공학자들은 벌써부터 무게를 줄이는 방법을 고안했는데, 그것이 바로 철골로 만든 경통이다.

펄머터는 이 거대한 망원경으로 1a형 초신성을 찾아 밝기 변화를 관측해 거리를 계산하고, 초신성이 포함된 외부은하의 후퇴 속도를 알아내기 위해 적색편이를 측정했다. 외부은하의 후퇴 속도는 당시 우주가 얼마나 빨리 팽창했는지를 알려 주는 지표다.

역사를 보면, 서로 만난 적이 없으면서도 거의 같은 시기에 같은 생각을 하는 사람들이 자주 나타난다. 펄머터도 그런 경우다. 오스트레일리아의 브라이언 슈미트와 마틴 리스가 펄머터와 거의 같은 생각을 한 것이다. 슈미트 팀은 아주 멀리 있으며 적색편이가 무척 큰 1a형 초신성을 관측하고 있었다. 적색편이가 크다는 것은 아주 멀리 있는 천체를 뜻한다. 관측을 하던 중 두 팀은 서로 경쟁 관계에 있다는 것을 알아차렸고, 서로 지지 않으려고 연구에 박차를 가했다. 이들이 관측한 것 중에는 무려

100억 광년이나 떨어진 곳의 초신성도 있었다. 과연 두 팀은 예상대로 우주의 팽창 속도가 점차 줄어든다는 결과를 얻었을까?

1a형 초신성의 거리와 후퇴 속도를 정밀하게 분석한 두 팀은 믿기지 않는 결과를 얻었다. 원래 펄머터와 슈미트는 우주에 있는 아름다운 은하들과 모습을 드러내지 않는 암흑물질이 중력을 발휘해 우주의 팽창 속력이 느려지고 있을 것이라고 믿고 그 증거를 찾으려고 관측을 시작했다. 그러나 결과는 정반대였다. 우주의 팽창 속도가 느려지기는커녕 오히려 우주의 나이 50억 년 무렵부터 더 빨리 부풀고 있었던 것이다. 이것은 예상

을 벗어난 결과였다. 두 팀은 이 결과를 발표해야 할지 말아야 할지를 놓고 고민했다. 그러나 본 것은 본 대로 이야기할 수밖에 없었다.

1998년, 두 팀은 각각 우주가 더 빨리 부풀고 있다는 내용의 논문을 발표했다. 신문과 과학 잡지는 천문학자들이 우주의 가속 팽창을 발견했으며 이대로 간다면 우주가 텅 비어 밤에 별을 볼 수 없을 것이라는 기사를 앞다투어 냈다.

우주가 최근 들어 가속 팽창하고 있다는 사실을 우리 생활과 연결해 설명하면 대강 이렇다. 휴대전화를 위로 던지면 휴대전화가 위로 올라가다 공중에서 멈춘 뒤 다시 내려와 내 손으로 돌아온다. 그런데 어느 날 습관대로 무심코 휴대전화를 위로 던졌는데 휴대전화가 공중 어디쯤에서 멈추는 듯하다가 갑자기 쌩하고 하늘로 날아가 사라져 버린다. 나는 누가 내 휴대전화를 낚아챘는지 궁금하기에 앞서 헛것을 보지 않았는지 의심하면서 어리둥절해서 멍하니 서 있을 것이다. 중력이 사라진 듯한 이런 상황은 정말 이상하다. 우리가 아는 우주는 지금 이와 비슷하다.

도대체 우주의 무엇이 우주를 더 빨리 팽창하게 하는 것일까? 이것은 물질도 암흑물질도 아닌 정체 모를 '70%'와 깊은 관련이 있었다.

26

암흑에너지의
정체를
밝혀라

2003년 천문학계를 뜨겁게 달군 뉴스는 WMAP가 우주배경복사를 더 정밀하게 관측했다는 것이었다. WMAP는 나사에서 2001년 태양과 지구를 잇는 선상에 있는 라그랑주 2 지점에 데려다 놓은 위성의 이름이다. 라그랑주 2 지점에 있는 인공위성은 지구와 똑같은 속도로 태양을 돌며 늘 태양계 바깥을 보고 있다. 이 점에 있는 인공위성은 지구의 인공위성이면서 태양의 인공행성인 셈이다.

태양과 지구의 라그랑주 점은 바로 찾을 수 있지만, 그 자리에 인공위성을 가져다 놓는 데 6개월이나 걸린다. 작은 인공위성을 6개월이나 추적해 계산으로 정한 지점에 옮겨 놓는 것은 대단히 어려운 일이다. 하지만 우주배경복사를 더 자세히 보고 싶은 지구 과학자들은 그 어려운 일을 해내고야 말았다. WMAP는 코비가 한 것보다 더 자세히 우주의 어린 시절을 들여다보기 위해 우주로 날아갔고, 그 일을 훌륭히 해냈다. 이 인공위성이 해낸 일을 일상생활에 비유한다면, 누군가가 63빌딩 꼭대기에서 저 아래 땅바닥에 있는 개미가 자기 머리만 한 과자 부스러기 하나를 옮기는 모습을 알아보는 것이라고 할 수 있다.

인공위성의 눈으로 본 우주배경복사는 아주 놀라웠다. 거기에는 무수한 반점이 섞여 있었다. 그것은 빛이 자유를 찾아 우주 공간을 자유롭게 여행하던 시점에 벌써 은하와 은하단을 만들 씨앗이 자리 잡고 있었다는 뜻이다. 만약 이때 물질들이 온 우주에 균질하게 퍼져 있었다면 은하나 별은 태어날 수 없었다. 우주가 오늘날과 같은 모습이 되는 것은 벌써 정해져 있었다.

WMAP의 정밀한 관측으로 우주배경복사가 만들어졌을 때 우주의 나이가 38만 년이라는 것을 알았고, 현재 우주의 나이가 138억 년이라는 것도 알아냈다. 이 사실은 2008년 국제천문학회에서 발표되었다. 코비 위성은 우주의 나이를 10억 년 단위로밖에 계산할 수 없었다. 그러나 WMAP는 1억 년 단위까지 정확히 측정할 수 있었다. 여기서 강조하고 싶은 것은, 겨우 십여 년

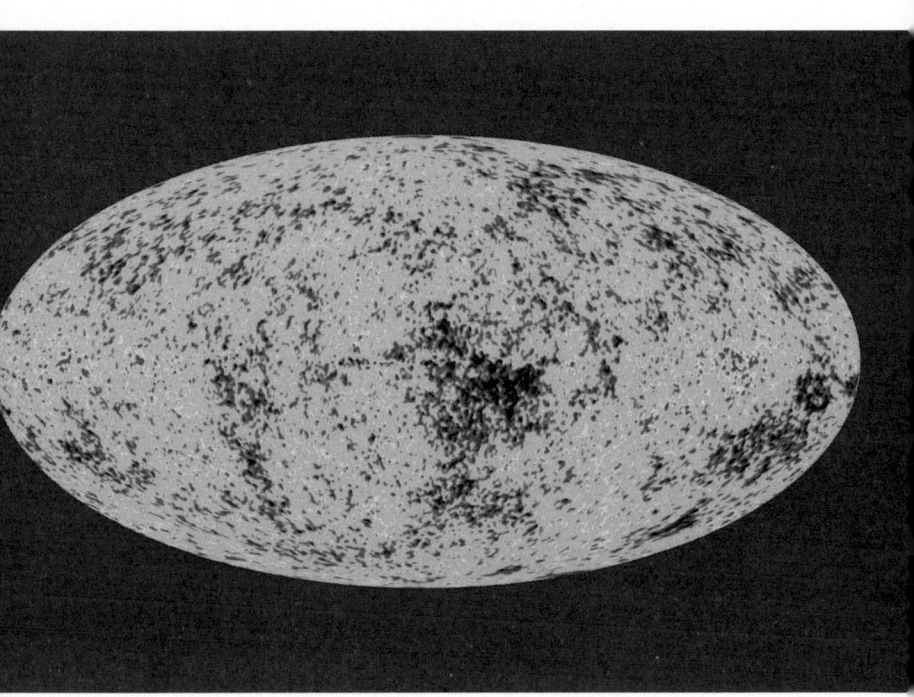

WMAP의 관측 사진

우주배경복사 분포를 더욱 정밀하게 그려 낸 WMAP 사진. 우주의 역사 초기에 그려진 얼룩이 더욱 선명하게 보인다. WMAP 자료를 바탕으로 우주의 나이를 억 년 단위로 정확하게 계산할 수 있었고, 우리 눈에 보이는 물질은 우주를 채우고 있는 물질의 4%에 불과하다는 것도 알았다. 우리는 아는 것보다 모르는 것이 훨씬 더 많은 세계에서 살고 있다.

전에야 우주의 나이가 138억 년이라고 정확하게 알려졌다는 사실이다.

WMAP이 알아낸 사실 가운데 가장 흥미로운 것은, 우리 눈으로 확인할 수 있는 물질이 우주의 4%이고 암흑물질이 24%이며, 나머지 72%는 정체를 알 수 없는 무엇이라는 사실이다. 펄머터와 슈미트가 발견한 우주 가속 팽창의 원인을 모르고 있던 과학자들은 당연히 알 수 없는 '72%'에 주목했다. 물질과 암흑물질이 은하의 형성과 관계있다면 나머지는 우주의 팽창과 관계있다고 생각한 것이다.

그러나 정체를 알 수 없는 '72%'에게 "너는 어떻게 우주를 팽창시키니?" 하고 물어본다면 허공에 대고 소리치는 것과 같다. 그나마 1931년에 아인슈타인이 일반상대성이론에서 뜯어내 내동댕이친 우주상수를 다시 붙여 넣고 계산했더니, 이 우주상수가 우주를 평온하게 만들 임계밀도의 70%에 해당하는 값을 갖게 된 점은 위안이다. 관측치와 계산치가 얼추 맞았고 1980년 구스가 주장한 인플레이션 우주에서 예견한 값과도 잘 맞았기 때문에, 사람들은 '역시 아인슈타인'이라고 하지만 이 우주상수는 그저 숫자일 뿐, 이것이 어떻게 우주를 밀어내고 있는지는 물리적으로 설명할 수 없었다. 그리고 그런 상황은 지금도 마찬가지다.

　소문난 피자 가게 사장이 밀가루 4%와 밝힐 수 없는 첨가물 24%와 맛있는 피자가 되라는 주문 72%를 섞어 반죽하면, 그것이 저절로 늘어나 특대용 피자가 된다고 생각해 보자. 원료 중 4%만 알 수 있는 피자를 먹을 수 있을까? 이 피자 같은 우주에서 우리가 살고 있다.

　물질도 아니고 암흑물질도 아닌 72%에는 '암흑에너지'라는 이름이 붙었다. 무엇이 암흑에너지인지는 아직 명확하지 않지만, 과학자들은 진공 에너지일 가능성이 가장 높다고 본다. 진공은 아무것도 없는 공간이라고 생각했는데, 실은 그렇지 않다는 것이 최근 밝혀졌다. 물질과 반물질이 만나면 커다란 에너지를 만들어 내고 홀연히 사라진다. 재미있는 사실은, 그 반대의 상황도 벌어진다는 것이다. 아무것도 없다고 생각하던 공간에서 물질과 반물질이 갑자기 나타난다. 그러곤 언제 그랬냐는 듯이 사라진다. 아무것도 없어 보이는 공간에 에너지가 있다는 사실이 중요하다. 진공 에너지의 정체를 밝히는 일은 모든 과학자의 큰 목표가 되었다.

우주의 팽창이라는 과학적인 주제를 풀려면 비어 있는 공간을 제대로 설명해야 한다. 이것은 과학적이면서 무척 철학적인 과제다.

펄머터·슈미트·리스는 현재 우주가 점점 더 빨리 팽창하고 있으며 그 원인은 암흑에너지이고, 암흑에너지는 지구에 사는 모든 과학자가 알아내야 할 새로운 과제라는 사실을 알렸다. 그들은 2011년 노벨 물리학상을 받았다. 결국 그들은 모르는 것이 있다는 사실을 알아냈기 때문에 노벨상을 받았다고도 볼 수 있다. 만약 여러분 중에 노벨상을 타고 싶은 사람이 있다면, 암흑에너지의 정체만 밝히면 된다. 참 쉽지 않은가!

4G 우주론 계보도

빅뱅 우주론

츠비키
Fritz Zwicky
1898~1974

루빈
Vera Rubin
1928~

윌슨
Robert Wilson
1936~

펜지어스
Arno Penzias
1933~

구스
Alan Guth
1947~

동료

자기홀극 연구   타이
Henry Tye
1948~

우주배경복사의
등방성

인플레이션 우주

린데
Andrei Linde
1948~

매더
John Mather
1946~

스무트
George Smoot Ⅲ
1945~

암흑물질:
강한 중력으로
우주의 팽창을 멈출지도!

COBE
우주배경복사의
1/100,000 비등방성

우주가 빠른 팽창을
멈추고 안정된 상태로
서서히 부풀기를 바람

WMAP

우주의 나이가
138억 년임을 밝힘

암흑에너지?

우주의
가속 팽창

펄머터
Saul Perlmutter
1959~

우주는 점점더 빨리 팽창하는 것 같다!
암흑에너지가 팽창의 원인?

?

우리가
알고 있는
'우주의 역사'

　　지난 100년도 안 되는 짧은 시간 동안 우주론은 숨 가쁘게
달려왔고, 그 덕에 지구의 청소년들은 역사상 가장 빨리 바뀌는
과학 교과서로 공부하고 있다. 21세기는 우주론의 시대, 천문학
의 시대라고 해도 지나치지 않다. 물리학과 천문학의 새로운 지
식은 대부분 우주에서 벌어지는 일을 설명하는 데 집중되어 있
고, 공학도들은 우주에서 오는 빛과 소리를 모으는 관측 장비를
만들고 모은 자료를 해석하는 프로그램을 개발하느라 에너지를
다 쓰고 있으며, 지름 30m가 넘는 지상 망원경을 만들려고 가능
한 한 모든 기술을 끌어모으고 있다. 무엇보다 젊은 과학자들이

우주론에 도전하려고 모여드는 것은 이 분야가 인기 있다는 증거다.

수천 명의 사람들이 지난 한 세기 동안 노력을 쏟아부어 알아낸 사실은, 우주가 한 점에서 시작해 138억 년 동안 끊임없이 진화했다는 사실이다. 이런, 너무 간단하지 않은가? 과학자들은 우주의 나이가 3분 이전일 때 우주가 어떤 상태에 있었는지도 아주 소상히 알아냈다. 대다수 지구인들에게 138억 년과 10^{-43}초는 통 와 닿지 않는다. 보통 사람에게는 엄청나게 큰 숫자와 아주 작은 숫자가 바로 느끼기 어렵다는 점에서 서로 통한다.

자, 그럼 우주라는 무대에서 어떤 연극이 펼쳐지고 있는지 대본을 살펴보자. 이 연극이 끝날 무렵에는 우리도 등장하지만, 나타나자마자 연극이 끝나 버리기 때문에 아무도 우리의 등장을 알아채지 못할 것이다.

1막

플랑크 시대, 10^{-43}초 이전

제정신인 사람치고 10^{-43}초라는 시간을 온몸으로 느끼기는 힘들다. 그러나 과학자들에게는 무척 중요한 시간인가 보다. 10^{-43}초에는 플랑크 시간이라는 이름도 붙어 있다. 이 시기에는 중력, 전자기력, 강력, 약력이 모두 거의 같은 세기로 작용해서

서로 구별할 수 없었다. 과학자들은 이것을 초힘, 영어로는 슈퍼 포스(superforce)라고 부른다. 슈퍼파워(superpower)라고 했다면 학문적인 냄새는 덜 났을지 몰라도 영어를 쓰는 학생들이 과학과 친해지는 데는 힘을 더 발휘했을 것이다.

어쨌든 이 시대에 대해 알려진 것이 거의 없지만, 여기에서 우리 우주의 씨앗이 생긴다. 과학자들은 씨앗보다 더 멋진 말을 찾다가 기포라는 단어를 생각해 냈는데, 더 멋진지는 잘 모르겠다. 이 기포의 크기는 10^{-33}cm! 이것도 플랑크 길이라는 이름이 붙었다. 플랑크 시간보다 짧은 시간, 플랑크 길이보다 짧은 길이는 측정할 수 없다. 솔직히, 그것들보다 작은 것은 잘 모른다는 말과 같다.

2막
통일장이론 시대

기포가 엄청나게 빨리 팽창하면서 초힘 중에 중력이 가장 먼저 제 모습을 찾아 나왔다. 여기서 제 모습이란 우리가 알고 있는 중력이다. 중력이 플랑크 시대에 대해 향수를 느끼며 그때의 모습이 자신의 진정한 모습이라고 주장한다면 우리는 할 말이 없다. 아무튼 중력은 초힘에서 분리되어 나왔지만, 전자기력과 강력과 약력은 여전히 '우리는 하나'를 외치며 통일장을 이루고 있었다. 그리고 시간이 흘러 10^{-35}초가 되었을 때 갑자기 인플레이션이 일어났다. 이 시기에 우주는 빛의 속도보다 빠르게 팽창했다. 이때 우주는 작은 기포가 아니라 커다란 공이 되고 온도는 1032K였다고 하니, 이것도 제정신인 사람은 도저히 이해할 수 없다.

3막
인플레이션이 끝난 뒤부터 1초까지

인플레이션은 갑자기 시작되었다가 갑자기 끝났다. 인플레이션이 끝날 무렵 우주의 온도가 1027K로 떨어지면서 통일장으로부터 강력의 봉인 해제! 인플레이션이 끝난 뒤에도 우주는 천천히 팽창했다. 무엇이 인플레이션을 멈추게 했는지 여전히 모른다. 쿼크와 반쿼크가 생기고, 쿼크들만의 풀이라고 할 수 있는 글루온도 생겼다. 곧이어 전자기력과 약력이 분리되어 이 우주에 네 가지 힘이 생겼다. 쿼크들은 여럿이 모여 중성자나 양성자를 만들 수 있었다. 글루온이 풀 구실을 했다. 반쿼크들도 반중성자와 반양성자를 만들었다. 당시 우주는 태양계만 한 크기였고 온도는 1013K나 되었다. 모든 입자가 미친 속도로 날뛰고 있어서 부딪치지 않을 수 없었다. 중성자와 반중성자가 만나 사라지고 양성자와 반양성자가 만나서 사라졌다. 우주에는 그들이 사라지면서 내놓은 에너지로 가득했다. 이대로라면 우주에 아무것도 남지 않고 사라질 것 같았다. 그러나 어찌된 일인지 물질이 반물질보다 조금 많았다. 과학자들의 계산으로는 반물질이 10억 개라면 물질은 10억 1개 있었다고 한다. 우주가 생긴 지 1초가 지나자 10억분의 1이라는 확률로 남은 중성자와 양성자가 수소와 헬륨이 될 준비를 할 수 있었다. 물질을 만들던 쿼크는 제 몸을 다 바쳤기 때문에 오늘날에는 자연에서 볼 수 없다. 막대한 돈과 첨단 기술을 이용한 입자가속기를 돌리면 우리 조상인 쿼크를 아주 잠깐 만날 수 있다.

이 모든 일이 눈 깜짝할 사이에 벌어졌다.

4막
원자핵 탄생, 3분까지

우주의 온도가 10억K까지 떨어졌다. 우주는 계속 천천히 팽창하고 있다. 양성자는 그 자체로 수소 원자핵이고, 중성자까지 가세해 핵융합반응이 일어나 헬륨 원자핵이 생겼다. 더 무거운 원자핵은 너무나 불안해서 이 시기에 생길 수 없었다. 그러나 훗날 수소 핵융합반응을 시작으로 온갖 원소가 만들어질 테니까, 처음 3분간 한 일치고는 대단히 만족스럽다. 별과 은하를 요리하는 데 필요한 재료는 벌써 준비 끝! 그러나 이 시기의 우주는 요리에 쓸 재료를 준비하느라 아수라장인 부엌 같았다. 수소 원자핵과 헬륨 원자핵, 그리고 엄청나게 많은 전자가 빛을 가지고 놀았다. 빛은 조금 나가려다 전자를 만나고, 다시 길을 틀면 다른 전자를 만나는 바람에 앞으로 뻗어 나갈 수 없었다. 그 탓에 우주는 불투명했고 도통 앞을 볼 수 없었다.

5막
원자 탄생, 38만 년까지

우주는 점점 더 크게 팽창하고 온도는 반대로 점점 더 떨어졌다. 우주는 여전히 수소, 헬륨 원자핵들과 전자와 광자가 마구 엉켜서 혼탁한 상태였다. 그러다 우주의 온도가 3000K까지 떨어졌다. 이제야 조금 현실적인 온도가 등장한다. 철의 녹는점이 1535℃, 다이아몬드가 녹는점은 3550℃, 태양의 표면 온도가 5400℃니까 3000K가 어느 정도 뜨거운지 짐작할 수 있겠다. 이 때 우주의 크기는 지금의 1000분의 1이었다. 온도가 3000K로 떨어지자 우주에 일대 변혁이 일어났다. 미친 듯이 날뛰던 전자들이 수소 원자핵과 헬륨 원자핵 주변을 어슬렁거리더니 적당한 자리를 차지하고 눌러앉은 것이다. 온전한 수소와 헬륨이 생겼다. 이런 상황을 두고 과학자들은 전자와 원자핵의 열에너지가 충분히 약해지자 전자기력이 우세해져서 전자가 원자핵 주변에 구속되었다고 한다.

전자가 집을 찾자 광자들이 가장 신이 났다. 광자들이 어떤 입자와도 부딪치지 않고 원래 제 성격대로 곧바로 튀어 나갈 수 있게 된 것이다. 광자, 즉 빛은 우주가 태어난 지 38만 년 만에 모든 구속을 벗어던지고 마음대로 우주를 쏘다닐 수 있게 되었다. 그때 빛들이 138억 년이 지난 지금 우주배경복사라는 이름으로 온 우주에서 발견되었다. 그러나 빛들은 136억 9962만 년 전 모습이 아니다. 그새 우주가 1000배나 커졌기 때문에 빛도 늘어나 파장이 1000배나 길어졌다. 그래서 38만 년 전에는 3000K를 대표하는 빛이었지만 지금은 3K를 대표하는 빛이 되었고, 우주배경복사를 끈질기게 스토킹한 과학자들의 분석에 따르면 정확히 2.7K를 대표하는 빛이라고 한다. 이 빛들은 빅뱅 우주를 경험한 증인이다.

6막
별과 은하의 탄생, 10억 년까지

우주는 원래 완벽하게 균질하지 않았다. 수소, 헬륨 같은 바리온들이 조금씩 모여 있는 곳과 빈 곳이 있었다. 처음에는 이 차이가 별것 아니었겠지만, 시간이 지날수록 점점 더 커졌다. 빈익빈, 부익부! 물질과 암흑물질이 모여 있던 곳에는 중력이 힘

을 발휘해 더 많은 물질이 모였고, 그나마 빈 곳을 겨우 채우고 있던 물질은 중력이 센 쪽으로 끌려갔다. 결국 중력이 센 곳에 엄청난 물질이 쌓였고, 그곳에서 은하도 생기고 별도 생겼다.

이때 처음으로 생긴 별들은 신나게 핵융합반응을 해서 헬륨, 탄소, 산소, 철 등을 만든 뒤 제 몸을 뻥튀기하며 각종 중금속을 만들어 냈다. 127억 년 전에 벌어진 이 일을 열심히 상상하고 계산한 과학자들이 처음에는 태양의 수백 배나 무거운 별들이 원소들을 만들었다고 하더니, 조금 지나서는 100배만 돼도 충분하다고 하고 요즘은 수십 배만 돼도 세상에 있는 원소들이 다 만들어진다고 말을 바꾸고 있다. 우리는 그저 인내심을 갖고 과학자들의 말을 들을 뿐이다. 처음 생긴 별들이 얼마나 무거웠는지는 차차 정확히 밝혀지겠지만, 우주의 나이가 10억 살일 때 별과 은하가 있었다는 것은 사실이다. 이것은 지구를 돌고 있는 허블 우주망원경이 찍은 사진으로 훌륭히 증명되었다.

7막
드디어 시작된 가속 팽창, 65억 년 무렵

우주는 65억 살이 될 때까지 하던 일을 계속했다. 프리드만이 예견한 속도로 천천히 팽창했고, 그새 은하에 있던 별들은 죽고 태어나기를 반복했으며 큰 은하가 작은 은하를 잡아먹는 일이 많았고 교통정리가 잘 안 된 탓인지 은하 간 충돌이 잦았다. 그러나 그 와중에도 은하에 있는 별들은 조건이 맞으면 태어나고 때가 되면 죽었다. 그러다 우주 탄생 65억 년 무렵 우주는 갑자기 빨리 팽창하기 시작했다.

이것은 1a형 초신성을 끈질기게 따라다닌 파파라치 과학자들이 밝혀낸 사실이다. 왜 이런 일이 벌어졌는지 아무도 모른다. 아무리 생각해도 원인을 알 수 없던 과학자들은 암흑에너지가 우주를 잡아 늘린다고 발표했다. 결국 정말 아무것도 모른다는 뜻이다. 암흑에너지 때문에 공간은 점점 늘어나고, 그 덕에 은하들은 앉은자리에서 우주를 여행하고 있다. 외부은하들이 우리에게서 달아난다고는 하지만, 실은 은하들이 진짜 물러나는 것이 아니라 공간이 늘어나서 무임승차를 하고 있는 것뿐이다. 이유를 알 수 없는 고속 팽창은 지금도 계속되고 있다.

8막
태양 탄생, 85억 년 무렵

우리은하의 변두리 나선팔 부근에 우주먼지와 가스들이 모인 거대한 원반이 있었는데, 그 중심부에서 심상치 않은 일이 벌어지고 있었다. 바로 태양이 태어난 것이다. 원반은 원래 같은 방향으로 돌고 있었기 때문에, 태양과 함께 태어난 행성들도 원래 돌던 방향으로 태양을 공전하게 되었다. 행성들 가운데 작은 것들은 공전하다가 서로 합쳐져 좀 더 큰 행성이 되었고, 오늘날과 같은 태양계의 모습이 갖추어졌다. 우주의 팽창 속도는 20억 년 전보다 더 빨라졌다.

9막
인간의 등장, 138억 년

현재. 지구에 인간이 나타나 우주의 모습이 어떤 과정을 거쳐 이렇게 형성되었는지 열심히 연구하고 있다. 그러는 사이 우주는 어제보다 더 빨리 팽창하고 있으며 태초에 그렇게 뜨겁던 우주는 2.7K로 식었다.

10막
태양이 조용히 죽다, 190억 년 무렵

찬란한 태양이 명을 다한다. 수소를 태우고 헬륨을 태운 뒤 더 태울 것이 없어진 태양은 조용히 거죽을 벗어 버리고 중심을 그러모은 뒤 백색왜성이 되어 식어 간다. 지구는 태양의 거죽이 훑고 지나가자 모든 것이 타 버려서 아무것도 살아남지 못한다.

11막

우주, 텅 비다

우주가 계속 팽창해 우리 이웃에는 은하가 하나도 안 보이고 나중에는 우리은하마저 찢어져 별들이 뿔뿔이 흩어진 뒤 그 별들마저 우주 저 너머로 넘어가 밤하늘에는 아무것도 보이지 않을 것이다. 마지막에는 별까지 분해되어 원자로 나뉘고 원자조차 쪼개져 완전히 텅 빈 우주가 된다. 결국 무로 돌아간다.

12막

새로운 우주, 태어나다?

아무래도 속편이 있을 것 같다. 여러분의 생각은?

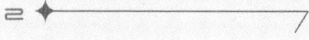

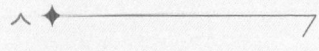

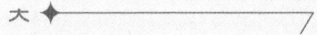

이미지 출처

44 Australian National University

48 NASA·ESA·The Hubble Heritage Team(STScI·AURA)

65 N.A.Sharp·NOAO·NSO·Kitt Peak FTS·AURA·NSF

153 Wikicommons

184 NRAO·AUI

193 AURA·NAOA·NSF

200 NASA

241 NASA

243 NASA

250 NASA·ESA

258 NASA·Andrew Fruchter·ERO Team

264 NASA·The Hubble Heritage Team(STScI·AURA)

273 NASA·WMAP Science Team

• 크레딧 표시가 없는 이미지는 셔터스톡 제공 사진입니다.
• 저작권 처리 과정 중 누락된 이미지에 대해서는 확인되는 대로 통상의 절차를 밟겠습니다.

집요한 과학자들의 우주 언박싱

초판 1쇄 발행일 2012년 9월 10일
개정1판 1쇄 발행일 2024년 2월 26일

지은이 이지유

발행인 김학원
발행처 (주)휴머니스트출판그룹
출판등록 제313-2007-000007호(2007년 1월 5일)
주소 (03991) 서울시 마포구 동교로23길 76(연남동)
전화 02-335-4422 **팩스** 02-334-3427
저자·독자 서비스 humanist@humanistbooks.com
홈페이지 www.humanistbooks.com
유튜브 youtube.com/user/humanistma **포스트** post.naver.com/hmcv
페이스북 facebook.com/hmcv2001 **인스타그램** @humanist_insta

편집주간 황서현 **편집** 윤소빈 **디자인** 유주현 **본문 일러스트** 박근용
조판 홍영사 **용지** 화인페이퍼 **인쇄·제본** 정민문화사

ⓒ 이지유, 2024

ISBN 979-11-7087-115-6 44400
ISBN 979-11-7087-114-9 44400 (전 2권)